PROBLÈMES

DE

MATHÉMATIQUES

ET DE PHYSIQUE

A L'USAGE DES ASPIRANTS AU BACCALAURÉAT ÈS SCIENCES

PAR

A. LABOSNE

Professeur de Mathématiques

PROBLÈMES DE PHYSIQUE

PARIS

LIBRAIRIE DE DEZOBRY, E. MAGDELEINE ET Cie
Rue du Cloître-Saint-Benoît, 10 (quartier de la Sorbonne)

1856

PROBLÈMES

DE MATHÉMATIQUES

ET

DE PHYSIQUE

Paris. — Typographie de Gaittet et Cie, rue Git-le-Cœur, 7.

PROBLÈMES

DE

MATHÉMATIQUES

ET DE PHYSIQUE

A L'USAGE DES ASPIRANTS AU BACCALAURÉAT ÈS SCIENCES

PAR

A. LABOSNE

Professeur de Mathématiques

PROBLÈMES DE PHYSIQUE

PARIS

LIBRAIRIE DE DEZOBRY, E. MAGDELEINE ET Cie.

Rue du Cloître-Saint-Benoît, 10 (quartier de la Sorbonne).

1856

[illegible]

[illegible]

[illegible]

PROBLÈMES

DE PHYSIQUE.

PROBLÈMES

SUR LA FORMULE P = VD.

Principes. 1. Les expressions *densité* et *poids spécifique* sont synonymes en physique; on préfère la première à la seconde, à cause de sa brièveté.

On appelle *densité* d'un corps le rapport entre le poids de ce corps et le poids d'un autre corps ayant même volume que le premier. Si P désigne le poids d'un corps, p le poids d'un autre corps ayant même volume que le premier, et D la densité du premier par rapport au second, on aura $D = \dfrac{P}{p}$, d'où $P = p D$.

Les densités des corps solides, celles des corps liquides et quelquefois celle de l'air se prennent par rapport à l'eau; les densités des corps gazeux sont prises par rapport à l'air. Il ne sera question dans ce chapitre que des densités prises par rapport à l'eau.

On suppose, à moins qu'on n'avertisse du contraire, que, dans la détermination des densités, l'eau était à son maximum de densité, c'est-à-dire à la température de 4°.

Quand on donne la densité d'un corps, sans indication particulière, on suppose que, dans la détermination de cette densité, le corps était à la température de 0°; ou bien, si la température n'entre pas dans les conditions de la question, on suppose que la densité du corps est celle qui correspond à sa température actuelle, l'eau étant toujours à 4°.

1

2. Un décimètre cube d'eau à la température de 4° pèse un kilogramme, et un centimètre cube d'eau à la même température pèse un gramme. Si donc la densité d'un corps est prise par rapport à l'eau, en désignant cette densité par D, le volume du corps par V et son poids par P, on aura

$$P = VD.$$

Dans l'application de cette formule, on n'oubliera pas les observations suivantes :

1° Le poids P est exprimé en grammes ou en kilogrammes, suivant que le volume V est exprimé en centimètres ou en décimètres cubes ;

2° Le volume et la densité sont supposés pris à la même température, l'eau étant à son maximum de densité.

3. De la formule $P = VD$ on tire diverses conséquences sur lesquelles on s'appuie fréquemment dans la résolution des problèmes.

1° Quand deux corps ont le même volume, *leurs poids sont proportionnels à leurs densités* :

$$\frac{P}{P'} = \frac{D}{D'}.$$

2° Quand deux corps ont la même densité, *leurs poids sont proportionnels à leurs volumes* :

$$\frac{P}{P'} = \frac{V}{V'}.$$

3° Quand deux corps ont le même poids, *leurs densités sont en raison inverse de leurs volumes* :

$$\frac{D}{D'} = \frac{V'}{V}.$$

On n'oubliera pas que le volume et la densité sont pris pour chaque corps à la même température.

Problème 1. *On fabrique avec de l'or des feuilles qui ont $\frac{1}{10000}$ de millimètre d'épaisseur ; quelle surface pourra-t-on recouvrir avec un gramme de ces feuilles, le centimètre cube d'or pesant $19^{gr},362$?*

Ces feuilles peuvent être regardées comme des parallélépipèdes rectangles ayant pour hauteur $\frac{1}{10000}$ de millimètre ou $\frac{1}{100000}$ de centimètre ; si donc on désigne par x la surface cherchée exprimée en centimètres carrés, le volume de ces feuilles sera un nombre de centimètres cubes exprimé par $x \times \frac{1}{100000}$; par conséquent, le poids de ces feuilles sera égal à

$$19^{gr},362 \times x \times \frac{1}{100000},$$

et l'on aura l'équation

$$19,362 \times x \times \frac{1}{100000} = 1 \, ,$$

d'où

$$x = \frac{100000}{19,362} = 5164,75.$$

La surface cherchée est donc de $5164^{cm.q}$,75 ou bien $0^{m.q}$,516475.

Problème 2. *Un prisme de basalte a une base hexagonale dont le côté est de 0^{m},63 ; sa hauteur est de 2^{m},85. On demande le poids de ce prisme, la densité du basalte étant de 3,45.*

La base du prisme est exprimée en décimètres carrés par $\frac{3}{2} \times 6,3 \times 6,3 \sqrt{3}$; son volume est donc $\frac{3}{2} \times (6,3)^2 \sqrt{3} \times 28,5$ décimètres cubes, et, par suite, son poids en kilogrammes est de $\frac{3}{2} \times (6,3)^2 \sqrt{3} \times 28,5 \times 3,45$ ou 10139 kilogrammes.

Problème 3. *Quelle est la longueur d'un fil d'or ayant 0^{mm},15 d'épaisseur et pesant 52^{gr},675 ? La densité de l'or est 19,26.*

Le fil d'or est un cylindre dont on connaît le diamètre et dont la hauteur x est inconnue. Le poids étant exprimé en grammes, prenons le centimètre pour unité, et nous aurons :

$$\frac{1}{4} \pi (0,015)^2 x \times 19,26 = 52,675,$$

d'où
$$x = \frac{52,675 \times 4}{\pi \,(0,015)^2 \times 19,26} = 15476,6.$$

La longueur du fil est de $154^m,766$.

Problème 4. *Les fils de platine qui constituent les réticules des lunettes astronomiques ont* $\dfrac{1}{1200}$ *de millimètre d'épaisseur. La densité du platine étant* 21,6, *quel sera le poids d'un kilomètre de ce fil ?*

Soient d l'épaisseur ou le diamètre du fil cylindrique, l sa longueur, P son poids et D la densité de la matière.

On a
$$P = \frac{1}{4}\pi d^2 l D.$$

Dans le problème actuel, le gramme et le centimètre étant pris pour l'unité, on a
$$d = \frac{1}{12000} \ \text{et} \ l = 100000;$$

donc
$$P = \frac{1}{4}\pi \, \frac{1}{144000000} \times 100000 \times 21,6$$
$$= \frac{5,4\,\pi}{1440} = \frac{3\,\pi}{800} = 0^{gr},01178.$$

Problème 5. *On donne un cylindre de fer du poids de* 41 *kilogrammes; la hauteur du cylindre est de* $2^m,5$ *et le fer a pour densité* 7,788. *Quel est le diamètre du cylindre ?*

Prenons pour unité le décimètre. Le volume du cylindre est exprimé par $\frac{1}{4}\pi\, D^2 25$; par suite, le poids en kilogrammes est de
$$\frac{1}{4}\pi\, D^2 \times 25 \times 7,788$$

On a donc
$$\frac{1}{4}\pi\, D^2 \times 25 \times 7,788 = 41.$$

Il en résulte $\quad D = \sqrt[3]{\dfrac{41 \times 4}{\pi \times 25 \times 7,788}} = 0,5178.$

Le diamètre est de $51^{mm},78$.

Problème 6. *Les décimes nouveaux pèsent 10 grammes et se composent d'un alliage de 0,95 de cuivre, 0,04 d'étain et 0,01 de zinc; la densité du cuivre est 8,85, celle de l'étain 7,29 et celle du zinc 7,12. Combien faudra-t-il de ces pièces pour fournir le métal nécessaire à la fabrication d'une sphère de même alliage ayant $0^m,25$ de diamètre à la température de $0°$?*

Cherchons le volume de chacun des métaux qui entrent dans la pièce de dix centimes :

Celui de cuivre est $\dfrac{9,5}{8,85}$ ou $1,07345$;

Celui de l'étain est $\dfrac{0,4}{7,29}$ ou $0,05487$;

Celui du zinc est $\dfrac{0,1}{7,12}$ ou $0,01404$.

Le volume de la pièce est la somme de ces volumes, ou $1,14236$.

Le volume de la sphère qu'on veut fabriquer est de $\dfrac{1}{6}\pi\,(25)^3$ centimètres cubes; par conséquent, le nombre de pièces qu'il faudra employer est égal à $\dfrac{\dfrac{1}{6}\pi\,(25)^3}{1,14236}$ ou 7162.

Problème 7. *Étant donnée une sphère de cuivre de $0^m,18$ de rayon, creuse et contenant une sphère de platine de $0^m,05$ de rayon, de telle sorte qu'il n'y ait aucun vide entre les deux sphères, calculer le poids de la masse ainsi formée, la densité du cuivre étant 8,85 et celle du platine 21,53.*

Le rayon de la sphère de platine étant de 5 centimètres, son volume est égal à $\dfrac{4}{3}\pi \times 125$.

Quant à la sphère creuse de cuivre, son volume est la différence entre le volume précédent et celui d'une sphère ayant 18 centimètres de rayon ; il est donc exprimé par $\frac{4}{3}\pi\,(18^3 - 125)$ ou $\frac{4}{3}\pi \times 5707$.

Par conséquent, le poids cherché est égal à

$$\frac{4}{3}\pi \times 125 \times 21,53 + \frac{4}{3}\pi \times 5707 \times 8,85.$$

On trouve pour résultat $222^{kg},836$.

Problème 8. *Un morceau de cuivre de forme cubique et du poids de $1^{kg},75$ est placé sur un tour et réduit en une sphère dont le diamètre est les 0,75 de la longueur du côté du cube. Calculer le poids de la tournure de cuivre ainsi obtenue, la densité du cuivre étant 8,85.*

Désignons par x le côté du cube exprimé en décimètres, nous aurons

$$1,75 = x^3 \times 8,85 ; \text{ d'où } x^3 = \frac{1,75}{8,85}.$$

Le diamètre de la sphère de cuivre étant égal à $0,75\,x$ son volume est exprimé par $\frac{1}{6}\pi\,(0,75)^3 \times x^3$, ou $\dfrac{\frac{\pi}{6}\,(0,75)^3 \times 1,75}{8,85}$; son poids est donc égal à $\frac{\pi}{6}\,(0,75)^3 \times 1,75$, et, par suite, le poids de la tournure de cuivre obtenue est de $1,75 - \frac{\pi}{6}\,(0,75)^3 \times 1,75$.

On trouve pour résultat $1^{kg},364$.

Problème 9. *Un verre à vin de Champagne, de forme conique, a intérieurement $0^m,06$ de diamètre au bord ; il a été complètement rempli de mercure, d'eau et d'huile, en proportion telle* *que la couche de chacun de ces liquides a 0^m,05 d'épaisseur. Calculer le poids du mercure, de l'eau et de l'huile, la densité du mercure étant 13,596 et celle de l'huile 0,915.*

Le volume du mercure qui occupe le fond du vase est celui d'un cône ayant 5 centimètres de hauteur et pour rayon le tiers du rayon du bord, ou 1 centimètre, puisque la hauteur de ce cône n'est que le tiers de la hauteur totale ; son volume est donc égal à $\frac{1}{3}\pi \times 1 \times 5$ ou $\frac{5}{3}\pi$.

Le volume de l'eau qui occupe le milieu du vase est la différence entre le volume précédent et celui d'un cône qui a pour hauteur 10 centimètres, et pour rayon les $\frac{2}{3}$ du rayon du bord ou 2 centimètres ; ce dernier volume est égal à $\frac{1}{3}\pi \times 4 \times 10$ ou $\frac{40}{3}\pi$, et, par suite, le volume de l'eau est exprimé par $\frac{40}{3}\pi - \frac{5}{3}\pi$ ou $\frac{35}{3}\pi$.

Enfin, le volume de l'huile est la différence entre le volume du cône que nous venons de trouver égal à $\frac{40}{3}\pi$ et celui du cône total, lequel est exprimé par $\frac{1}{3}\pi \times 9 \times 15$ ou $\frac{135}{3}\pi$; par conséquent, le volume de l'huile est égal à $\frac{135}{3}\pi - \frac{40}{3}\pi$ ou $\frac{95}{3}\pi$.

Les volumes étant connus, il suffit de les multiplier par les densités pour avoir les poids, ce qui donne :

1° Pour le mercure, $\frac{5}{3}\pi \times 13,596$ ou 71^{gr},19 ;

2° Pour l'eau, . . $\frac{35}{3}\pi$ . . . . . ou 36^{gr},63 ;

3° Pour l'huile, . $\frac{95}{3}\pi \times 0,915$ ou 91^{gr},03.

Problème 10. *Le poids de l'air atmosphérique étant $\frac{1}{773}$ du poids de l'eau, déterminer le poids de l'air contenu dans un cy-*

lindre dont la circonférence de la base est $0^m,3$ et la hauteur $0^m,8$.

Le volume du cylindre est exprimé par $\pi R^2 H$; d'ailleurs la circonférence $C = 2\pi R$ d'où $R = \dfrac{C}{2\pi}$; substituant dans l'expression du volume, il vient $\dfrac{C^2 H}{4\pi}$ pour le volume du cylindre.

Dans le cas actuel, $C = 0^m,3 = 30$ centimètres, $H = 0^m,8 = 80$ centimètres; le volume est donc égal à $\dfrac{900 \times 80}{4\pi}$ ou $\dfrac{18000}{\pi}$; par suite, le poids de l'air exprimé en grammes est de $\dfrac{18000}{\pi} \times \dfrac{1}{770}$ ou $\dfrac{1800}{77\pi}$. On trouve pour résultat $7^{gr},441$.

Problème 11. *Une sphère creuse en argent pèse, quand elle est vide, $726^{gr},03$; pleine d'eau à 4°, elle pèse $2521^{gr},35$. La densité de l'argent étant $10,47$, on demande quelle est la circonférence extérieure de cette sphère.*

Le poids de l'eau contenue dans la sphère est de $2521,35 - 726,03$ ou $1795^{gr},32$; son volume intérieur est donc de $1795^{cm.\,c},32$. Le volume de l'argent est de $\dfrac{726,03}{10,47}$ ou $69^{cm.\,c},34$; par conséquent, le volume extérieur de la sphère est égal à

$$1795,32 + 69,34 \text{ ou } 1864^{cm.\,c},66.$$

En désignant par D le diamètre extérieur, on a donc

$$\frac{1}{6}\pi D^3 = 1864,66.$$

Il en résulte $\pi^3 D^3 = 6\pi^2 . 1864,66$ et $\pi D = \sqrt[3]{6\pi^2 . 1864,66}$ ou $47^{cm},97$. C'est la circonférence cherchée.

Problème 12. *Un verre à pied, de forme conique, contient un litre; il a $0^m,25$ de diamètre à son bord supérieur, et il est rempli par de l'eau et du mercure; le poids de ces deux liquides* *est le même, et la densité du mercure est 13,598. On demande l'épaisseur de la couche formée par l'eau.*

Soient V la capacité du verre, H sa profondeur, V' le volume du mercure, D sa densité et x l'épaisseur de la couche d'eau.

La hauteur du cône de mercure est $H - x$, et son volume V' formant un cône semblable au cône total est déterminé par la proportion

$$\frac{V'}{V} = \frac{(H - x)^3}{H^3}, \text{ d'où } V' = \frac{V(H - x)^3}{H^3}.$$

Il en résulte que le volume de l'eau est égal à $V - \frac{V(H - x)^3}{H^3}$.

Les poids de l'eau et du mercure étant égaux, on doit donc avoir

$$V - V\frac{(H - x)^3}{H^3} = \frac{V(H - x)^3 D}{H^3}.$$

On en déduit

$$\frac{(H - x)^3}{H^3}(1 + D) = 1, \text{ d'où } H - x = \frac{H}{\sqrt[3]{1 + D}},$$

et $x = H - \dfrac{H}{\sqrt[3]{1 + D}} = H\left(1 - \dfrac{1}{\sqrt[3]{1 + D}}\right).$

La hauteur H du cône est égale à $\dfrac{3V}{\pi R^2}$; donc enfin,

$$x = \frac{3V}{\pi R^2}\left(1 - \frac{1}{\sqrt[3]{1 + D}}\right)$$

Remplaçant V par 1, R par 1,25, et D par 13,598, on trouve $x = 0^m,03611$.

Problème 13. *Un boulet de fonte pèse 12 kilog., et la densité de la fonte est 7,29. Quel est le rayon du boulet et quel serait le poids de l'or nécessaire pour l'envelopper d'une couche de $0^m,0006$ d'épaisseur, la densité de l'or étant 19,26?*

Le volume du boulet est égal à $\dfrac{12}{7,29}$ décimètres cubes; on a donc

$$\frac{4}{3}\pi R^3 = \frac{12}{7,29}$$

d'où $\qquad \mathrm{R} = \sqrt[3]{\dfrac{12 \times 3}{4\,\pi \times 7{,}29}} = \sqrt[3]{\dfrac{1}{\pi \times 0{,}81}} = 0^{\mathrm{dm}}{,}7325.$

La couche d'or est la différence de deux sphères dont l'une a pour rayon 0,7325, et l'autre 0,7325 + 0,006 ou 0,7385; son volume est donc égal à

$$\frac{4}{3}\,\pi\,(0{,}7385^3 - 0{,}7325^3) \text{ ou } 0^{\mathrm{dm.c}}{,}040733;$$

par conséquent, son poids est de

$$0^{\mathrm{kg}}{,}040733 \times 19{,}26 \text{ ou } 784^{\mathrm{gr}}{,}5.$$

—————

Problème 14. *La densité du zinc est 6,861, et celle du cuivre 8,788. Quelles quantités de zinc et de cuivre doit-on prendre pour former un alliage qui pèse 178 grammes et dont la densité soit égale à 7,15? On suppose que la combinaison des deux corps se fait sans contraction ni dilatation.*

Soient x et y les poids de zinc et de cuivre qu'il faut prendre. On a d'abord $x + y = 178$.

En divisant le poids de chaque corps par sa densité, on obtient le volume du corps; par conséquent, on doit avoir aussi

$$\frac{x}{6{,}861} + \frac{y}{8{,}788} = \frac{178}{7{,}15}.$$

La première équation donne $y = 178 - x$, et cette valeur de y étant substituée dans la seconde équation, il vient

$$\frac{x}{6{,}861} + \frac{178 - x}{8{,}788} = \frac{178}{7{,}15}.$$

On en déduit successivement:

$$\frac{x}{6{,}861} - \frac{x}{8{,}788} = \frac{178}{7{,}15} - \frac{178}{8{,}788}$$

$$\frac{(8{,}788 - 6{,}861)\,x}{6{,}861 \times 8{,}788} = \frac{(8{,}788 - 7{,}15) \times 178}{7{,}15 \times 8{,}788}$$

$$\frac{1{,}927\,x}{6{,}861} = \frac{1{,}638 \times 178}{7{,}15}$$

$$x = \frac{1{,}638 \times 178 \times 6{,}861}{7{,}15 \times 1{,}927} = 145^{\mathrm{gr}}2.$$

On a ensuite $y = 178 - 145{,}2 = 32^{\mathrm{gr}}8.$

Problème 15. *Un fil cylindrique en argent de 0^m,0015 de diamètre pèse 3^{gr},2875; si on le recouvre d'une couche d'or de 0^m,0002 d'épaisseur, quel sera le poids de l'or ainsi employé? La densité de l'argent est 10,47 et celle de l'or 19,26.*

Le poids exprimé en grammes étant égal au produit de la densité par le volume exprimé en centimètres, nous aurons, en désignant par H la longueur du fil,

$$3,2875 = \frac{1}{4} \pi \, (0,15)^2 \times H \times 10,47; \text{ d'où } H = \frac{3,2875}{\frac{1}{4} \pi \, (0,15)^2 \times 10,47}.$$

Quand le fil est recouvert d'une couche d'or de 0^{cm},02 d'épaisseur, on a un nouveau cylindre dont le diamètre est égal à $0,15 + 0,04$ ou 0^{cm},19; son volume est, par conséquent, égal à $\frac{1}{4} \pi \, (0,19)^2 \times H$, et, par suite, le volume de l'or est exprimé par

$$\frac{1}{4} \pi \, (0,19)^2 \times H - \frac{1}{4} \pi (0,15)^2 \times H \text{ ou } \frac{1}{4} \pi \, [(0,19)^2 - (0,15)^2] \times H.$$

Remplaçant H par sa valeur, il vient

$$\frac{\frac{1}{4} \pi \, [\, (0,19)^2 - (0,15)^2 \,] \times 3,2875}{\frac{1}{4} \pi \, (0,15)^2 \times 10,47},$$

expression qui se réduit à $\dfrac{0,34 \times 0,04 \times 3,2875}{(0,15)^2 \times 10,47}$.

Le poids de l'or est donc égal à

$$\frac{0,34 \times 0,04 \times 3,2875 \times 19,26}{(0,15)^2 \times 10,47}$$

On trouve pour résultat 3^{gr},6554.

Problème 16. *On a mélangé deux corps pesant P et P', et dont les densités sont D et D'. On sait que dans le mélange il y a une contraction dont le coefficient est $\dfrac{1}{m}$, et l'on demande quelle est la densité du mélange.*

Les volumes des corps mélangés sont $\dfrac{P}{D}$, $\dfrac{P'}{D'}$; le volume du mélange est, par conséquent, $\left(\dfrac{P}{D} + \dfrac{P'}{D'}\right) \dfrac{m-1}{m}$; d'ailleurs son poids est $P + P'$; sa densité est donc de $\dfrac{P + P'}{\dfrac{P}{D} + \dfrac{P'}{D'}} \cdot \dfrac{m}{m-1}$.

PROBLÈMES

D'HYDROSTATIQUE.

PRINCIPES. 1. La pression exercée par un liquide sur le fond d'un vase est égale au poids d'un cylindre de ce liquide ayant pour base le fond du vase et pour hauteur la distance verticale du niveau supérieur au fond du vase :

$$p = BHD.$$

Dans cette formule, D est la densité *actuelle* du liquide.

2. Dans les vases communiquants, *les hauteurs des liquides qui se font équilibre sont en raison inverse de leurs densités* :

$$\frac{H}{H'} = \frac{D'}{D}.$$

Les densités sont prises à la température de l'expérience; ce sont les densités *actuelles* des liquides.

3. Tout corps plongé dans un fluide déplace une quantité de fluide dont le volume est égal au sien. *Le fluide réagit sur le corps qui s'y trouve plongé et le pousse de bas en haut avec une force égale au poids du fluide déplacé* : c'est là le principe d'Archimède généralisé. Si donc on désigne cette poussée par p, le volume actuel du corps par V, et la densité du fluide par d, cette densité étant prise par rapport à l'eau dont la température est 4°, on aura :

$$p = Vd.$$

Problème 17. *Une sphère de platine pèse 84gr. dans l'air. On la pèse dans le mercure et on ne trouve plus que 29gr,6. On demande la densité du platine, celle du mercure étant 13,6.*

La différence 54gr,4 entre le poids du platine dans l'air et son poids dans le mercure exprime la perte de poids qu'il éprouve dans le mercure, ou le poids du mercure déplacé. Le volume de ce mercure est donc égal à $\dfrac{54,4}{13,6}$ centimètres cubes; c'est aussi le volume du platine; par conséquent, la densité du platine est égale à 84 : $\dfrac{54,4}{13,6}$ ou 21.

Problème 18. *Un corps A pèse dans l'air* 7^{gr},55, *dans l'eau* 5^{gr},17 *et dans un liquide B*, 6^{gr},35. *Déduire de ces données la densité du corps A et celle du liquide B.*

La différence entre les deux premiers poids,
$$7^{gr},55 - 5^{gr},17 \text{ ou } 2^{gr},38,$$
est le poids d'un volume d'eau égal au volume du corps A; par conséquent, la densité de A est égale à $\dfrac{7,55}{2,38}$ ou 3,17.

La différence entre le premier et le troisième poids,
$$7^{gr},55 - 6^{gr},35 \text{ ou } 1^{gr},20,$$
est le poids d'un volume de B égal au volume de A; par conséquent, la densité de B est égale à $\dfrac{1,20}{2,38}$ ou 0,504.

Problème 19. *Un morceau de bois pèse* 123 *grammes dans l'air; ce corps flotte d'abord sur l'eau, mais bientôt l'eau pénétrant dans ses pores, il descend au fond du liquide. Au moment où ce phénomène se produit, on retire le corps, on l'essuie et on le pèse; son poids est alors de* 136 *grammes. On demande de calculer approximativement le volume et la densité du morceau de bois.*

Au moment où le morceau de bois s'enfonce dans le liquide, son poids diffère très-peu de celui de l'eau qu'il déplace; le poids de cette eau est donc d'environ 136 grammes, et, par suite, son volume est d'à-peu-près 136 centimètres cubes : tel est aussi le volume du morceau de bois. Quant à sa densité, elle est égale à $\dfrac{123}{136}$ ou 0,9.

Problème 20. *Un parallélépipède de glace dont les dimensions sont* $10^m,50$, $15^m,75$ *et* $20^m,45$, *plonge dans l'eau de mer; la densité de la glace est* 0,930 *et celle de l'eau de mer est* 1,026. *Calculer la hauteur du parallélépipède au-dessus du niveau de l'eau.*

La hauteur du parallélépipède n'étant pas donnée, on suppose qu'il est rectangle. De plus, l'énoncé ne disant pas quelle est celle des trois arêtes qui est verticale, nous supposerons que c'est l'arête qui a $10^m,50$. Désignons par B la base du parallélépipède et par x la partie de son arête verticale qui plonge dans l'eau.

Le poids de ce parallélépipède est exprimé par

$$B \times 10,50 \times 0,930.$$

Le poids de l'eau déplacée est égal à

$$B \times x \times 1,026.$$

Or, ces deux poids sont égaux, puisque le corps flotte; on a donc :

$$B \times x \times 1,026 = B \times 10,50 \times 0,930 ;$$

d'où

$$x = \frac{10,50 \times 0,930}{1,026} = 9,518.$$

Par conséquent, la hauteur du parallélépipède au-dessus de l'eau est de $10,50 - 9,518$ ou $0^m,982$.

Problème 21. *Pour exploiter une mine de sel gemme, on a percé dans un terrain salifère un trou de sonde dans lequel on a introduit un tuyau de* 100^m *de long qui ne remplit pas exactement l'ouverture; ce tuyau dépasse le sol de* 1^m *et plonge à sa partie inférieure de* $0^m,75$ *dans une dissolution saline dont la densité est de* 1,3. *On demande à quelle hauteur la dissolution saline s'élèvera dans le tuyau si l'on verse de l'eau douce dans l'intervalle qui se trouve entre le tuyau et les parois du trou de sonde.*

D'après les conditions de l'énoncé, la hauteur de l'eau au-dessus de la dissolution saline est de $100^m - 1^m - 0^m,75$ ou $98^m,25$; si donc on admet que l'eau douce et l'eau salée ne se mélangent pas et que la dissolution saline conserve toujours le même niveau au fond du trou de sonde, sa hauteur x dans le tuyau sera donnée par la proportion

$$\frac{x}{98,25} = \frac{1}{1,3}$$

Il en résulte
$$x = \frac{98,25}{1,3} = 75^{m},58.$$

Problème 22. *Une sphère de bois ayant 1 décimètre de rayon plonge de 42 millimètres dans de l'eau au maximum de densité et s'y trouve en équilibre; quelle est la densité du bois dont elle est faite?*

Soit x cette densité. Le volume de la sphère est de $\frac{4}{3}\pi$ décimètres cubes et son poids de $\frac{4}{3}\pi x$ kilogrammes. Le volume de l'eau déplacée est de $\pi.\overline{0,42}^2(1-0,14)$ ou $\pi.\overline{0,42}^2.0,86$ et son poids de $\pi.\overline{0,42}^2.0,86$ kilog. Or, on doit avoir

$$\frac{4}{3}\pi x = \pi.\overline{0,42}^2.0,86;$$

par conséquent, $x = \dfrac{\overline{0,42}^2.0,86.3}{4}$ ou $0,114$.

Problème 23. *On a deux cylindres communiquants dans lesquels on a versé de l'eau. L'un de ces cylindres a $0^{m},5$ et l'autre $0^{m},2$ de diamètre; chacun d'eux est muni d'un piston pouvant glisser à frottement doux sur la paroi. Si l'on exerce sur le piston du second cylindre une pression de 500 kilog., quelle pression faudra-t-il exercer sur le piston du premier cylindre pour qu'il y ait équilibre?*

Pour que l'équilibre ait lieu, il faut que des surfaces égales reçoivent des pressions égales; par conséquent, une surface 2, 3, 4, ... fois plus grande devra recevoir une pression 2, 3, 4, ... fois plus grande; les pressions doivent donc être proportionnelles aux surfaces. Mais ici les surfaces sont des cercles qui sont proportionnels aux carrés de leurs diamètres; on aura donc

$$\frac{x}{500} = \frac{5^2}{2^2} = \frac{25}{4}; \text{ d'où } x = \frac{500 \times 25}{4} = 3125 \text{ kg}.$$

Problème 24. *Une sphère de liége pèse 140 grammes dans l'air, et un cube de métal y pèse 620 grammes; les deux corps étant liés ensemble ne pèsent plus que 100 grammes quand ils sont complétement immergés dans l'eau. On demande la densité du métal, celle du liége étant 0,24.*

En désignant par V le volume du liége, on a $140 = V \times 0,24$ d'où $V = \dfrac{140}{0,24} = 583,3$ centim. cubes. Le poids de l'eau déplacée par le liége est donc de 583gr,3 et, par suite, l'excès de la poussée de l'eau sur le poids du liége est égal à 583,3 — 140 ou 443gr,3. Malgré cela le système des deux corps tend à descendre avec une force égale à 100 gr.; par conséquent l'excès du poids du métal sur le poids de l'eau qu'il déplace est égal à 443,3 + 100 ou 543gr,3; le poids de l'eau déplacée par le métal est donc de de 620 — 543,3 ou 76,7, et, par suite, la densité du métal est de $\dfrac{620}{76,7}$ ou 8,08.

Problème 25. *Quel est le poids spécifique d'un liquide dans lequel l'aréomètre de Beaumé à échelle descendante s'affleure au 67e degré. On sait que la dissolution saline dans laquelle on plonge l'aréomètre pour obtenir le 15e degré a pour densité 1,1136.*

Prenons pour unité le volume de la portion du tube comprise entre deux divisions, et soit V le volume de l'instrument, à partir du 0 de l'échelle. Le volume de l'eau déplacée dans la détermination du 0 est V, et celui de la dissolution déplacée dans la détermination du 15e degré est V — 15. Les poids étant les mêmes, puisqu'ils sont égaux au poids de l'instrument, les densités sont en raison inverse des volumes; on a donc

$$\frac{V}{V-15} = \frac{1,1136}{1};$$

on en déduit $\dfrac{V}{15} = \dfrac{1,1136}{0,1136}$, d'où $V = \dfrac{1,1136 \times 15}{0,1136} = 147.$

Pour un liquide dont la densité est x et dans lequel l'aréomètre s'affleure au n^e degré, on a de même

$$\frac{V}{V-n} = \frac{x}{1}, \text{ d'où } x = \frac{147}{147-n}.$$

En faisant $n = 67$, on trouve $x = 1,837$.

Problème 26. *Un cône de fer plonge dans le mercure par son sommet. Quel est le rapport entre la hauteur du cône immergé et la hauteur totale?*

Soient B et H la base et la hauteur du cône de fer et D sa densité; son volume est $\frac{1}{3}$ BH et son poids $\frac{1}{3}$ BHD.

La partie du cône qui plonge dans le mercure est un cône semblable au cône total; si donc nous désignons son volume par x et sa hauteur par h, nous aurons, par un théorème connu,

$$\frac{x}{\frac{1}{3}BH} = \frac{h^3}{H^3}, \text{ d'où } x = \frac{1}{3}BH\left(\frac{h}{H}\right)^3;$$

par conséquent, le poids du mercure déplacé est exprimé par $\frac{1}{3}BH\left(\frac{h}{H}\right)^3 d$, d étant la densité du mercure. Or, le poids du mercure déplacé est égal au poids du cône de fer; on a donc

$$\frac{1}{3}BH\left(\frac{h}{H}\right)^3 d = \frac{1}{3}BHD.$$

Il en résulte $\left(\frac{h}{H}\right)^3 = \frac{D}{d}$, d'où $\frac{h}{H} = \sqrt[3]{\frac{D}{d}}$.

Problème 27. *Un cube creux en cuivre dont le côté a 0ᵐ,05 de longueur et pesant 102 grammes, est lesté par une balle de plomb de 0ᵐ,01 de rayon, de manière que le système des deux corps plonge entièrement et se trouve en équilibre dans une dissolution saline donnée. On demande la densité de cette dissolution saline, la densité du plomb étant 11,352.*

Quand un corps est en équilibre dans un fluide, son poids est égal au poids du fluide qu'il déplace. Cherchons donc ces deux poids. Le poids du corps immergé se compose du poids du cuivre, qui est de 102 grammes, et du poids de la balle de plomb qui est égal à VD ou $\frac{4}{3}\pi \times 11,352$, poids exprimé en grammes, puisque le centimètre est pris pour unité dans l'expression du rayon. Ainsi, le poids total du corps immergé est de $102 + \frac{4}{3}\pi \times 11,352$ grammes.

Quant au poids de la dissolution saline dont la densité x n'est pas connue, nous en formerons l'expression en multipliant son volume par x. Or, son volume est égal au volume du cube de cuivre 5^3 ou 125 centimètres cubes, augmenté du volume de la sphère de plomb $\frac{4}{3}\pi$. Le poids de la dissolution saline est donc de $(125 + \frac{4}{3}\pi)\,x$ grammes. On a, par conséquent,

$$\left(125 + \frac{4}{3}\pi\right) x = 102 + \frac{4}{3}\pi \times 11,352,$$

d'où

$$x = \frac{102 + \frac{4}{3}\pi \times 11,352}{125 + \frac{4}{3}\pi} = 1,158.$$

Problème 28. *Pour maintenir une sphère immergée dans le mercure, il faut exercer une pression de $17^{kg},425$; et pour la maintenir immergée dans l'alcool il faut un effort de $0^{kg},87$. On demande le rayon de la sphère et la densité de la matière. La densité du mercure est de 13,6 et celle de l'alcool de 0,79.*

Soient V le volume de cette sphère et D sa densité. Son poids est exprimé par VD.

La pression de $17^{kg},425$, qu'il faut exercer pour maintenir la sphère immergée dans le mercure, est l'excès de la poussée du mercure sur le poids de la sphère; or, la poussée du mercure est exprimée par $V \times 13,6$; donc,

$$V \times 13,6 - VD = 17,425.$$

On a de même, en considérant la poussée dans l'alcool,

$$V \times 0,79 - VD = 0,87.$$

Par soustraction, on obtient :

$$V(13,6 - 0,79) = 17,425 - 0,87,$$

d'où

$$V = \frac{17,425 - 0,87}{13,6 - 0,79} = \frac{16,555}{12,81};$$

mais $V = \dfrac{4}{3}\pi R^3$; donc $R = \sqrt[3]{\dfrac{16,555 \times 3}{12,81 \times 4\pi}} = 0^{dm},6757.$

En remplaçant V par sa valeur dans l'une des équations primitives, on obtient D; la seconde, par exemple, donne :

$$D = \frac{V \times 0,79 - 0,87}{V} = 0,79 - \frac{0,87}{V}$$

ou $\qquad D = 0,79 - \dfrac{0,87 \times 12,81}{16,555} = 0,1168.$

PROBLÈMES

SUR LA LOI DE MARIOTTE ET LA PRESSION ATMOSPHÉRIQUE.

PRINCIPES. 1. Le volume d'une même masse de gaz varie avec la température et avec la pression : *Si la température reste constante, le volume varie en raison inverse de la pression.* C'est la loi de Mariotte,

$$\frac{V}{V'} = \frac{p'}{p}.$$

On a donc $V' = \frac{V\,p}{p'}$, c'est-à-dire que, *pour passer d'une pression à une autre, il faut multiplier le volume par le rapport de la première à la seconde.*

On aurait de même $p' = \frac{p\,V}{V'}$.

Le poids n'étant pas changé dans cette modification de pression, il en résulte que la densité d'un gaz varie en raison directe de la pression.

Quant à la force élastique du gaz, elle est toujours égale à la pression.

2. La pression atmosphérique est mesurée par le baromètre ; elle équivaut, sur une base donnée, à une colonne de mercure ayant pour hauteur la hauteur barométrique et pour base la base donnée ; si donc on désigne par H la hauteur barométrique exprimée en décimètres, par B la base donnée exprimée de la même manière, et par D la densité du mercure au moment de l'expérience, on aura

$$P = BHD.$$

Problème 29. *Quel est le poids dans le vide d'un corps pesant dans l'air 2000 kilogrammes, son volume étant de 8 mètres cubes?*

Le poids du corps dans l'air n'est que l'excès de son poids dans le vide sur le poids du volume d'air qu'il déplace. Or, 1 mètre cube d'air pèse 1300 grammes ou 1^{kg},3; 8^m cubes d'air pèsent donc 1^{kg},3 $\times$ 8 ou 10^{kg},4; par conséquent le poids du corps dans le vide serait de 2000 + 10,4 ou 2010^{kg},4.

Problème 30. *Un corps perd 7 grammes de son poids dans l'air; combien perdra-t-il dans l'acide carbonique dont la densité est de 1,524, et dans l'hydrogène dont la densité est 0,069?*

La perte de poids étant égale au poids du fluide déplacé, elle est proportionnelle à la densité du fluide. Le corps perdra donc

dans l'acide carbonique. . . 7^{gr} $\times$ 1,524 ou 10^{gr},668;

et dans l'hydrogène. . . . . 7^{gr} $\times$ 0,069 ou 0^{gr},483.

Problème 31. *Un vase contenant de l'air comprimé à 8 atmosphères est muni d'une soupape ayant 350 millimètres carrés de surface. On demande de combien de kilogrammes au moins doit être chargée cette soupape pour que l'air comprimé ne puisse s'échapper?*

La pression atmosphérique équivaut à celle d'une colonne de mercure ayant 0^m,76 ou 7^{dm},6 de hauteur; par conséquent, sur une surface de 350 millimètres carrés ou 0$^{dm.q}$,035, cette pression est égale à

$$0,035 \times 7,6 \times 13,6 \text{ ou } 3^{kg},6176.$$

La soupape doit être pressée de dehors en dedans par une force égale à 8 atmosphères, mais elle supporte déjà la pression atmosphérique; il suffit donc de la charger d'un poids égal à 3,6176 $\times$ 7 ou 25^{kg},33.

Problème 32. *Un ballon plein d'air pèse 7^{gr},832; plein d'alcool dont la densité est 0,790 il pèse 648^{gr},960. Quelle est la capacité de ce ballon?*

Soient x la capacité du ballon exprimée en centimètres cubes, et d la densité de l'air prise par rapport à l'eau. Le poids de l'air qui remplit le ballon est exprimé par dx; par conséquent, le poids du ballon vide serait égal à

$$7^{gr},832 - dx.$$

Or, le poids du ballon plein d'alcool est de $648^{gr},960$; donc le poids de l'alcool qui remplit le ballon est égal à

$$648,960 - (7,832 - dx) \text{ ou } 641^{gr},128 + dx;$$

d'ailleurs ce poids d'alcool est aussi exprimé par $x \times 0,790$; par conséquent,

$$x \times 0,790 = 641,128 + dx,$$

d'où $x = \dfrac{641,128}{0,790 - d}.$

En remplaçant d par sa valeur $\dfrac{1}{770}$ on trouvera $x = 812^{cm.c},89$.

Problème 33. *Calculer la valeur numérique de la pression qui s'exerce sur un cercle dont le diamètre est de $1^m,37$, en supposant la hauteur barométrique égale à $0^m,76$.*

Cette pression P est égale au poids d'une colonne de mercure ayant pour base un cercle de $1^m,37$ ou $13^{dm},7$ de diamètre et une hauteur égale à $0^m,76$ ou $7^{dm},6$; on a donc

$$P = \frac{1}{4}\pi (13,7)^2 \times 7,6 \times 13,6 = 15236^{kg}.$$

Problème 34. *Dans un tube placé verticalement, l'ouverture en haut, on a 24 centimètres cubes d'air sec séparé de l'air extérieur par une colonne de mercure ayant 6 centimètres de hauteur. On place ensuite le tube verticalement, l'ouverture en bas, et la colonne de mercure qui reste dans le tube n'est plus que de 56 millimètres. On demande quel doit être alors le volume du gaz, la hauteur du baromètre dans les deux expériences étant de 770 millimètres.*

Quand l'air occupe la partie inférieure du tube, dans la première position, il est soumis à une pression de $770 + 60$ ou 830 millimètres, et son volume est alors de 24 centimètres cubes. Quand l'air occupe la partie supérieure du tube, dans la seconde position, il est soumis à une pression de 770 — 56 ou 714 millimètres, et il occupe un volume inconnu x. Or on a

$$\frac{x}{24} = \frac{830}{714}; \text{ donc } x = \frac{24 \times 830}{714} = 27^{\text{cm.c}},9.$$

Problème 35. *Un baromètre à siphon, dont les branches ont le même diamètre marque $0^m,76$; on le plonge dans un liquide dont la densité est $0,9$ et le sommet de la colonne barométrique s'élève alors de 10^{mm} au-dessus de sa position primitive dans la grande branche. On demande quelle est la hauteur du liquide au-dessus du niveau du mercure dans la branche ouverte (la température et la pression atmosphérique n'ayant pas varié pendant l'expérience).*

Puisque le mercure est monté de 10^{mm} dans la grande branche, il est descendu de 10^{mm} dans la petite branche, ce qui fait une variation de 20^{mm} ; la hauteur x du liquide au-dessus du niveau du mercure dans la branche ouverte est donc telle qu'il fait équilibre à une colonne de mercure de $0^m,02$; or, dans ce cas, les hauteurs des liquides sont en raison inverse de leurs densités ; on a, par conséquent,

$$\frac{x}{0,02} = \frac{13,6}{0,9} \text{ d'où } x = \frac{0,02 \times 136}{9} = 0^m,302.$$

Problème 36. *Un tube reposant sur une cuve à mercure contient une colonne d'air de $1^m,85$ à la pression de $0^m,73$. On demande la pression qu'il faudra exercer sur le mercure pour que la colonne se réduise à $0^m,35$.*

Le volume de l'air occupe actuellement une longueur de $1^m,85$ et sa force élastique est de $0^m,73$; si son volume est réduit à n'occuper qu'une longueur de $0^m,35$, sa force élastique x sera donnée par la proportion

$$\frac{x}{0,73} = \frac{1,85}{0,35}, \text{ d'où } x = \frac{0,73 \times 1,85}{0,35} = 3^m,964.$$

A cette force élastique viendra s'ajouter la pression exercée par la colonne de mercure qui se sera élevée dans le tube, laquelle sera de 1,85 — 0,35 ou $1^m,50$; par conséquent, il y aura dans le tube une pression de 1,50 + 3,964 ou $5^m,464$. Mais la pression extérieure n'est que de $0^m,75$; il faudra donc exercer sur le mercure une pression égale à une colonne de mercure ayant $5^m,464 — 0^m,75$ ou $4^m,714$ de hauteur.

Problème 27. *Un siphon à branches égales et parallèles repose sur la surface de l'eau contenue dans un vase; ces deux branches sont fermées à leur partie inférieure et communiquent à leur partie supérieure par un très-petit tube capillaire dont on peut négliger la capacité. L'une d'elles contient de l'air atmosphérique, l'autre est pleine d'eau. Comment s'établira l'équilibre quand on ouvrira l'orifice de la seconde branche?*

Chacune des extrémités de la colonne liquide étant soumise à la pression atmosphérique H, le liquide s'écoulera d'abord, en vertu de son poids; mais alors l'air contenu dans l'autre branche augmentant de volume, sa force élastique diminuera, et l'extrémité supérieure de la colonne liquide cessera d'être soumise à la pression H; il arrivera donc un moment où l'écoulement n'aura plus lieu. Soient x la hauteur de la colonne liquide qui se sera écoulée, et l la longueur de chaque branche du siphon. Le volume de l'air a varié dans le rapport de l à $l+x$; sa force a donc varié dans le rapport de $l+x$ à l; elle était H d'abord, par conséquent, elle est actuellement $\dfrac{H\,l}{l+x}$. Or, cette force élastique augmentée de la pression de la colonne liquide $l-x$ fait équilibre à la pression atmosphérique H; si donc H est exprimé par une colonne d'eau, on aura

$$\frac{H\,l}{l+x} + l - x = H \quad \text{d'où} \quad x^2 + H\,x - l^2 = 0.$$

Il en résulte $x = \dfrac{-H + \sqrt{H^2 + 4\,l^2}}{2}$, la valeur négative de x ne convenant pas à la question.

Si H était une colonne de mercure, on multiplierait H par la densité du mercure.

Problème 38. *Une cloche à bord circulaire a 0^m,07 de diamètre et 0^m,2 de hauteur; cette cloche est remplie de mercure et plonge de 0^m,04 dans un bain de même liquide. On demande quel est l'effort nécessaire pour la soutenir dans cette position, la hauteur du baromètre au moment de l'expérience étant de 0^m,77. On ne tiendra pas compte du poids de la cloche vide.*

Si nous considérons la pression qui s'exerce à l'intérieur de la cloche, sur la surface du bain, nous voyons qu'elle est égale à la pression atmosphérique plus la pression exercée par le mercure de la cloche ; tandis qu'à l'extérieur la surface du bain ne supporte que la pression atmosphérique. La pression intérieure surpasse donc la pression extérieure d'une quantité égale à la pression du mercure de la cloche sur la surface du bain. Or, cette dernière est égale au produit qu'on obtient en multipliant la surface pressée par la hauteur du liquide et par sa densité. Cette pression, et, par suite, l'effort nécessaire pour soutenir la cloche est donc égal à

$$\frac{1}{4}\pi\,(0{,}7)^2 \times (2 - 0{,}4) \times 13{,}6.$$

On trouve pour résultat 8^{kg},374.

Problème 39. *Un tube cylindrique contenant de l'air sec dans sa partie supérieure plonge en partie dans une cuve à mercure ; l'air occupe dans le tube une longueur de 227 millimètres, et le mercure s'y élève de 142 millimètres au-dessus du niveau de la cuve. On enfonce ensuite le tube jusqu'à ce que le niveau du mercure soit le même dans le tube et dans la cuve, et l'on trouve alors que l'air n'occupe plus dans le tube qu'une longueur de 185 millimètres. On demande quelle est la pression atmosphérique au moment de l'expérience.*

Soit x cette pression exprimée en millimètres. Dans la première position du tube, l'air est soumis à une pression de $x - 142$, et dans la seconde position, il est soumis à la pression x; le rapport des pressions est donc $\dfrac{x - 142}{x}$, et l'on sait que le rapport des pressions est égal au rapport inverse des volumes. Or, les volumes de l'air sont proportionnels aux longueurs 227^{mm} et 185^{mm} qu'ils occupent dans le tube ; le rapport inverse des volames est donc $\dfrac{185}{227}$, et l'on a $\dfrac{x-142}{x}=\dfrac{185}{227}$,

d'où
$$x=\frac{227\times 142}{227-185}=767^{\text{mm}},5.$$

Problème 40. *La hauteur d'un baromètre est de 712 milli-mètres, mais on sait qu'il s'est introduit de l'air dans la chambre barométrique. On verse alors du mercure dans la cuvette jusqu'à ce que le volume de la chambre soit réduit à moitié, et l'on trouve que la hauteur barométrique n'est plus que de 695 millimètres. Comment déduire de là la pression atmosphérique?*

Soit x la pression atmosphérique. La force élastique de l'air qui s'est introduit dans l'instrument est alors égale à $x-712$. Le volume de cet air étant ensuite réduit à moitié, sa force élastique devient $2x-1424$; or, cette force élastique ajoutée à la pression d'une colonne de mercure de 695 millimètres fait équilibre à la pression atmosphérique; on a, par conséquent,
$$2x-1424+695=x,\ \text{d'où}\ x=729^{\text{mm}}.$$

Problème 41. *Calculer la force ascensionnelle d'un ballon en taffetas qui étant vide pèse* $63^{\text{kg}},620$. *On sait que le taffetas verni pèse* $0^{\text{kg}},250$ *le mètre carré; qu'un mètre cube d'air pèse* $1^{\text{kg}},300$ *et un mètre cube d'hydrogène* $0^{\text{kg}},120$.

Le poids total du taffetas est de $63^{\text{kg}},620$ et le mètre carré de cette étoffe pèse $0^{\text{kg}},250$; par conséquent, l'enveloppe du ballon contient un nombre de mètres carrés exprimé par $\dfrac{63,620}{0,250}$. En désignant par D le diamètre du ballon, on a donc

$$\pi D^2=\frac{6362}{25}=254,48,\ \text{d'où}\ D=\sqrt{\frac{254,48}{\pi}};$$

par suite, le volume du ballon $\dfrac{1}{6}\pi D^3$ est égal à

$$\frac{1}{6}\pi\sqrt{\frac{(254,48)^3}{\pi^3}}\ \text{ou}\ \frac{1}{6}\sqrt{\frac{(254,48)^3}{\pi}}.$$

Il résulte de là que le poids de l'hydrogène qui remplit le ballon est exprimé par

$$0^{kg},120 \times \frac{1}{6} \sqrt{\frac{(254,48)^3}{\pi}},$$

et que le poids de l'air déplacé est égal à

$$1^{kg},300 \times \frac{1}{6} \sqrt{\frac{(254,48)^3}{\pi}}.$$

Or, la force ascensionnelle du ballon n'est autre chose que l'excès du poids de l'air déplacé sur le poids total du ballon rempli d'hydrogène : cette force ascensionnelle est donc égale à

$$1^{kg},300 \times \frac{1}{6} \sqrt{\frac{(254,48)^3}{\pi}} - 63^{kg},620 - 0^{kg},120 \times \frac{1}{6} \sqrt{\frac{(254,48)^3}{\pi}}$$

ou

$$1^{kg},180 \times \frac{1}{6} \sqrt{\frac{(254,48)^3}{\pi}} - 63^{kg},620.$$

On trouve pour résultat $386^{kg},82$.

Problème 42. *Quel devrait être le rayon intérieur d'un ballon sphérique de cuivre ayant 1^{mm} d'épaisseur, pour que ce ballon, complètement purgé d'air, fût en équilibre dans l'air, à la température de $0°$ et à la pression de $0^m,76$? On prendra $0,0013$ pour la densité de l'air, et $8,8$ pour celle du cuivre.*

Prenons le millimètre pour unité, et désignons le rayon inconnu par x. Le volume du cuivre est égal à $\frac{4}{3}\pi(x+1)^3 - \frac{4}{3}\pi x^3$ ou $\frac{4}{3}\pi[(x+1)^3 - x^3]$; par conséquent son poids est de

$$\frac{4}{3}\pi[(x+1)^3 - x^3] \times 8,8 :$$

d'ailleurs le poids de l'air déplacé est exprimé par

$$\frac{4}{3}\pi(x+1)^3 \times 0,0013.$$

La condition d'équilibre consiste dans l'égalité des ces deux poids; on doit donc avoir

$$\frac{4}{3}\pi\left[(x+1)^3 - x^3\right] \times 8,8 = \frac{4}{3}\pi(x+1)^3 \times 0,0013,$$

ou simplement

$$\left[(x+1)^3 - x^3\right] \times 8,8 = (x+1)^3 \times 0,0013.$$

On déduit de là successivement

$$(x+1)^3(8,8 - 0,0013) = x^3 \times 8,8$$
$$(x+1)^3 \times 8,7987 = x^3 \times 8,8$$
$$(x+1) \times \sqrt[3]{8,7987} = x \times \sqrt[3]{8,8}$$
$$x\left(\sqrt[3]{8,8} - \sqrt[3]{8,7987}\right) = \sqrt[3]{8,7987}$$
$$x = \frac{\sqrt[3]{8,7987}}{\sqrt[3]{8,8} - \sqrt[3]{8,7987}} = 20645^{mm} = 20^m,645.$$

Problème 43. *Le volume d'air d'une éprouvette d'une machine à compression est de 137 parties. Par le jeu de la machine, ce volume s'est réduit à 25 parties, et le mercure s'est élevé dans l'éprouvette de 0^m,45. On demande le rapport entre la quantité primitive d'air du récipient et la quantité qui s'y trouve après l'expérience.*

Les poids d'un même volume de gaz sont proportionnels aux densités, et, par suite, aux pressions quand la température ne varie pas. Avant l'expérience, quand le volume d'air de l'éprouvette est de 137 parties, sa force élastique est d'une atmosphère ou $0^m,76$. Après l'expérience, quand ce volume d'air est réduit à 25 parties, sa force élastique est donnée par la proportion $\frac{x}{0,76} = \frac{137}{25}$, d'où $x = \frac{0,76 \times 137}{25} = 4^m,1648$. A cette force élastique il faut ajouter la pression de la colonne de mercure qui est de $0^m,45$; de sorte que la pression intérieure sous le récipient est alors de $4^m,1648 + 0^m,45$ ou $4^m,6148$. Le rapport des pressions, et, par suite, celui des poids est donc de $\frac{4,6148}{0,76}$ ou 6,072, c'est-à-dire que le second poids est égal au premier multiplié par 6,072.

Problème 44. *On suppose connus le volume* V *et le poids* P *de l'air contenu sous le récipient d'une machine pneumatique, ainsi que le volume* v *de chacun des corps de pompe, et l'on demande le poids* p *de l'air qui restera sous le récipient après* n *coups de piston simples; on ne tiendra pas compte de l'air qui se trouve entre le récipient et le corps de pompe. On demande aussi la densité* d *et la force élastique* f *de l'air restant,* D *et* F *étant la densité et la force élastique de l'air primitif.*

1° Quand le piston s'élève du fond de l'un des corps de pompe au sommet, l'air du récipient entre dans le corps de pompe, et son volume devient $V + v$; on a donc un volume $V + v$ dont le poids est P, et dont une portion V reste sous le récipient; par conséquent, le poids x de ce volume V sera donné par la proportion $\dfrac{x}{P} = \dfrac{V}{V + v}$, d'où $x = P \dfrac{V}{V + v}$. En raisonnant de la même manière sur le poids x, on verra qu'un second coup de piston le réduit à $x \dfrac{V}{V + v}$, de sorte qu'après deux coups de piston le poids primitif P et réduit à $P \left(\dfrac{V}{V + v} \right)^2$; un troisième coup de piston ne laissera dans la machine que $P \left(\dfrac{V}{V + v} \right)^3$, et ainsi de suite; par conséquent, après n coups de piston, le poids p de l'air qui reste est exprimé par $P \left(\dfrac{V}{V + v} \right)^n$ ou $P \dfrac{V^n}{(V + v)^n}$.

2° L'égalité $p = P \left(\dfrac{V}{V + v} \right)^n$ donne $\dfrac{p}{P} = \left(\dfrac{V}{V + v} \right)^n$; mais le volume de l'air étant resté le même, les poids sont proportionnels aux densités; on a donc, $\dfrac{d}{D} = \left(\dfrac{V}{V + v} \right)^n$ ou $d = D \left(\dfrac{V}{V + v} \right)^n$.

3° Les pressions sont aussi proportionnelles aux poids quand le volume ne change pas: on a donc,

$$\frac{f}{F} = \left(\frac{V}{V + v} \right)^n \quad \text{ou} \quad f = F \left(\frac{V}{V + v} \right)^n.$$

PROBLÈMES

SUR LES DILATATIONS.

PRINCIPES. 1. Le premier effet de la chaleur sur les corps est d'en dilater les dimensions. Cette dilatation est spécifiée pour chacun d'eux par un nombre qu'on appelle *coefficient de dilatation*. Ce nombre exprime, s'il s'agit de longueur, la quantité dont l'unité de longueur à $0°$ se dilate pour une élévation d'un degré dans la température. S'il s'agit de volume, le coefficient de dilatation exprime de combien l'unité de volume à $0°$ se dilate pour une élévation d'un degré dans la température.

On démontre que le coefficient de dilatation cubique est le triple du coefficient de dilatation linéaire.

2. En partant des définitions précédentes, on établit immédiatement que si l_0 et l sont les longueurs d'un corps aux températures $0°$ et $t°$, on a, en désignant par k son coefficient de dilatation linéaire,

$$l = l_0 (1 + kt).$$

On trouve une formule semblable pour les volumes :

$$V = V_0 (1 + kt),$$

k étant le coefficient de dilatation cubique.

Ainsi, *on obtient la longueur ou le volume à $t°$ en multipliant par $1 + kt$ la longueur ou le volume à $0°$.*

La quantité $1 + kt$ est appelée *module de dilatation* pour la température $t°$.

Réciproquement, *on obtient la longueur ou le volume à $0°$ en divisant par $1 + kt$ la longueur ou le volume à $t°$.*

3. En considérant deux volumes V et V' d'un même corps aux températures t et t', on a :

$$V = V_0 (1 + kt)$$
$$V' = V_0 (1 + kt')$$

d'où

$$\frac{V}{V'} = \frac{1 + kt}{1 + kt'};$$

c'est-à-dire que les volumes d'un même corps sont proportionnels aux modules de dilatation.

Il en résulte $V' = V \dfrac{1 + kt'}{1 + kt}$, expression qu'on peut remplacer par $V[1 + k(t'-t)]$, si les températures t' et t ne sont pas très-élevées.

REMARQUE I. Quand on donne le coefficient de dilatation d'un corps solide, il s'agit de la dilatation linéaire, à moins qu'on n'avertisse expressément du contraire; pour les liquides et les gaz, c'est le coefficient de dilatation cubique.

REMARQUE II. La formule $V = V_0(1 + kt)$ est applicable à la dilatation apparente des liquides; V_0 est alors le volume *réel* à $0°$, V le volume *apparent* à $t°$, et k le coefficient de dilatation apparente.

4. Les poids n'étant pas modifiés par le changement de température, les densités d'un même poids de matière sont en raison inverse des volumes. Si donc on prend les densités D et D' d'un même corps aux températures t et t', on aura :

$$\frac{D}{D'} = \frac{1 + kt'}{1 + kt}.$$

En particulier, $D = \dfrac{D_0}{1 + kt}$ et $D_0 = D(1 + kt)$.

5. Lorsqu'une colonne liquide fait équilibre à une pression donnée, la hauteur de cette colonne est en raison inverse de la densité actuelle du liquide : $\dfrac{H}{H'} = \dfrac{D'}{D}$: par conséquent

$$\frac{H_0}{H} = \frac{D}{D_0} = \frac{1}{1 + kt}.$$

il en résulte $H_0 = \dfrac{H}{1 + kt}$. C'est la correction barométrique.

6. La formule $V = V_0(1 + kt)$ appliquée aux gaz suppose que la pression reste constante. Si la pression et la température changeaient en même temps, on ferait successivement les corrections relatives à chacune d'elles.

Soit V un volume de gaz à la température t et sous la pression P. Si la température devient t' et que la pression ne change pas, le volume deviendra V' et l'on aura

$$\frac{V}{V'} = \frac{1 + kt}{1 + kt'}.$$

Si actuellement la pression qui est P devient P', le volume V'

se change en V''', en sorte que $\dfrac{V'''}{V'} = \dfrac{P}{P''}$, ou bien, en remplaçant V' par sa valeur $V\,\dfrac{1+kt'}{1+kt}$,

$$\frac{V''' (1 + kt)}{V (1 + kt')} = \frac{P}{P''};$$

par conséquent si $V''' = V$, on aura $\dfrac{P}{P''} = \dfrac{1+kt}{1+kt'}$.

Ainsi, *quand la pression ne varie pas, les volumes d'un même gaz sont proportionnels aux modules de dilatation; et quand le volume ne varie pas, les pressions de ce gaz sont proportionnelles aux mêmes modules.*

7. Un litre d'air à la température de 0° et sous la pression de $0^m,760$ pèse $1^{gr},298$ ou plus simplement $1^{gr},3$. Si donc la densité d'un gaz est prise par rapport à l'air, le gaz et l'air étant à la même température et à la même pression, en désignant cette densité par D, le volume de gaz par V, à la température de 0° et sous la pression de $0^m,760$, et son poids par P, on aura

$$P = 1^{gr},3 \, V \, D.$$

Dans l'application de cette formule on n'oubliera pas les observations suivantes :

1° Le poids P est exprimé en grammes et le volume V en décimètres cubes.

2° Le volume est pris à la température de 0° et sous la pression de $0^m,760$.

3° La densité est supposée prise quand le gaz et l'air sont à la même température et à la même pression, ce qui équivaut à les prendre tous deux à la température de 0° et sous la pression de $0^m,760$. Quand on donne la densité d'un gaz, ces deux conditions sont supposées remplies, à moins qu'on n'avertisse expressément du contraire.

4° La formule est encore vraie si le volume et la densité sont pris à une même température et sous une même pression, quelles qu'elles soient, pourvu que, dans la détermination de la densité, l'air ait été pris à la température de 0° et sous la pression de $0^m,760$.

Problème 45. *A quelle température le thermomètre centigrade et le thermomètre de Fahrenheit indiquent-ils le même nombre de degrés?*

On voit immédiatement que cette température est au-dessous de zéro du thermomètre de Fahrenheit. Soit x le nombre de degrés correspondants. Si nous partons de la température de 32° au-dessus de 0° dans le thermomètre de Fahrenheit, nous avons $32 + x$ degrés jusqu'à la température $-x°$; ce nombre de degrés correspond à x degrés du thermomètre centigrade; or, x degrés centigrades valent $\dfrac{18}{10}x$ degrés de Fahrenheit; on a, par conséquent,

$$1,8\,x = 32 + x, \text{ d'où } x = 40.$$

Les deux thermomètres marquent donc en même temps 40 degrés au-dessous de zéro.

Problème 46. *La densité du mercure étant 13,59 à 0°, on demande quel est à 100° le volume de 40 kilogrammes de mercure.*

En prenant le volume à 0°, on a P = VD ou $40 = $ V. 13,59; par conséquent, $V = \dfrac{40}{13,59}$.

Le volume à 100° sera donc égal à

$$\frac{40\left(1 + \dfrac{100}{5550}\right)}{13,59} \text{ ou } 2^{\text{lit.}},996.$$

Problème 47. *On a une barre d'un certain métal dont le coefficient de dilatation est $\dfrac{1}{7450}$, et dont la longueur à 0° est de $0^{\text{m}},7325$. On demande quelle longueur on doit donner à une seconde barre dont le coefficient de dilatation est $\dfrac{1}{11500}$ pour que les dilatations de ces deux barres soient toujours égales.*

Une barre dont la longueur à 0° est l et dont le coefficient de dilatation est k, se dilate de lkt, en passant de 0° à $t°$.

La première barre se dilatera donc de $\dfrac{0^{\mathrm{m}},7325\ t}{7450}$, et la seconde

de $\dfrac{x\ t}{11500}$, x étant sa longueur à 0°. On aura, par conséquent,

$$\frac{x\ t}{11500} = \frac{0,7325\ t}{7450},$$

d'où
$$x = \frac{0,7325 \times 1150}{745} = 1^{\mathrm{m}},131.$$

Problème 48. *On a un carré de tôle de 2^{m} de côté à 0°, et on en porte la température à 64°. Calculer ce que deviendra sa surface, le coefficient de dilatation du fer étant 0,0000122.*

A la température de 64°, le côté du carré de tôle sera égal à $2\ (1 + 0,0000122 \times 64)$; sa surface sera, par conséquent, de $4\ (1 + 0,0000122 \times 64)^2$ ou $4^{\mathrm{mq}},006249$.

Problème 49. *Si l'on chauffe de 0° à t° un vase de verre contenant du mercure, quel doit être le rapport entre le volume du mercure et la capacité du vase, pour que la partie du vase qui ne contient pas de mercure ait un volume constant ?*

Soient V la capacité du vase et V′ le volume du mercure, à 0°. Si la température est portée à $t°$, V deviendra $V\ (1 + K\ t)$, et V′ deviendra $V'\ (1 + K'\ t)$, K et K′ étant les coefficients de dilatation cubique du verre et du mercure.

La partie vide du vase était $V - V'$, à 0°; elle est maintenant $V(1 + K\ t) - V'(1 + K'\ t)$. On doit donc avoir
$$V\ (1 + K\ t) - V'\ (1 + K'\ t) = V - V',$$
égalité qui se réduit à $VK - V'K' = 0$.

Il en résulte $VK = V'K'$, d'où $\dfrac{V'}{V} = \dfrac{K}{K'}$; c'est-à-dire que les volumes doivent être en raison inverse des coefficients de dilatation.

Le coefficient de la dilatation cubique du verre étant, à fort peu près, $\frac{1}{7}$ de celui du mercure, on peut dire que le mercure doit occuper $\frac{1}{7}$ de la capacité du vase.

Problème 50. *Deux hauteurs barométriques ont été observées, l'une de 763 millimètres à 15° au-dessus de 0°, et l'autre de 737 millimètres à 10° au-dessous de 0°. Quelles auraient été ces deux hauteurs si la température avait été de 0° ?*

En désignant par H la hauteur barométrique à $t^°$ et par h la hauteur à 0° pour la même pression, on a $h = \dfrac{H}{1 + Kt}$, K étant le coefficient de dilatation du mercure ou $\dfrac{1}{5550}$. On aurait donc trouvé dans la première observation

$$h = \frac{763}{1 + \dfrac{15}{5550}} = \frac{763 \times 370}{371} = 761^{\text{mm}};$$

et dans la seconde, où $t = -10$,

$$h = \frac{737}{1 - \dfrac{10}{5550}} = \frac{737 \times 555}{554} = 738^{\text{mm}},3.$$

Problème 51. *Deux vases communiquants renferment deux liquides : d'abord de l'eau qui s'élève dans une branche à la hauteur de $1^{\text{m}},55$; dans l'autre branche se trouve un liquide dont la hauteur est de $3^{\text{m}},17$. Ces deux colonnes liquides se font équilibre et sont à la température de 10°. On demande de trouver la densité du second liquide ; on demande en outre à quelle hauteur s'élèverait ce liquide si l'on portait sa température à 25°, en laissant celle de l'eau à 10° ; on sait qu'il a pour coefficient de dilatation $\dfrac{1}{6000}$.*

1° Dans les vases communiquants, les hauteurs de deux liquides qui se font équilibre sont en raison inverse de leurs densités actuelles; si donc nous prenons pour unité la densité actuelle de l'eau, celle du second liquide sera donnée par la proportion $\dfrac{x}{1} = \dfrac{1{,}55}{3{,}17}$ ou $x = \dfrac{1{,}55}{3{,}17} = 0{,}489$.

2° Les hauteurs des deux colonnes du second liquide qui font équilibre à la même colonne d'eau sont en raison inverse des densités du liquide aux températures de 10° et de 25°; par conséquent, elles sont proportionnelles au modules de dilatation. En désignant par y la hauteur cherchée, on aura donc

$$\frac{y}{3{,}17} = \frac{1 + \dfrac{25}{6000}}{1 + \dfrac{10}{6000}} = \frac{6025}{6010}$$

Il en résulte $y = \dfrac{3{,}17 \times 6025}{6010} = 3^{m}{,}178$.

Problème 52. *On a deux thermomètres à mercure construits avec le même verre; l'un a une boule dont le diamètre intérieur est de $0^{m}{,}0075$ et un tube dont le diamètre intérieur est de $0^{m}{,}0025$; l'autre a une boule dont le diamètre est de $0^{m}{,}0062$ et un tube dont le diamètre est de $0^{m}{,}0015$. On demande quel est le rapport de longueur d'un degré du premier thermomètre à un degré du second.*

Le volume de la première boule est de $\dfrac{1}{6}\pi (0{,}0075)^{3}$; par conséquent, pour un degré d'élévation dans la température, le mercure qu'elle contient se dilate dans le tube de $\dfrac{1}{6}\pi (0{,}0075)^{3} \times K$, K étant le coefficient de dilatation apparente. Ce volume de mercure qui sort de la boule prend la forme d'un cylindre ayant une base égale à $\dfrac{1}{4}\pi (0{,}0025)^{2}$; par conséquent, sa hauteur, ou la longueur d'un degré, est de $\dfrac{\frac{1}{6}\,\pi\,(0,0075)^3 \times K}{\frac{1}{4}\,\pi\,(0,0025)^2}$. On aura de

même pour la longueur d'un degré du second thermomètre,

$\dfrac{\frac{1}{6}\,\pi\,(0,0062)^3 \times K}{\frac{1}{4}\,\pi\,(0,0015)^2}$. Le rapport cherché est le quotient de ces deux

quantités, $\dfrac{(0,0075)^3 \times (0,0015)^2}{(0,0062)^3 \times (0,0025)^2}$, ou 0,64.

Problème 53. *Dans un tube de verre gradué en parties d'é-gale capacité on a introduit une colonne de mercure occupant à 12° 47 divisions. Combien de divisions occupera la colonne de mer-cure à 90°? Le coefficient de la dilatation linéaire du tube est 0,000009, et le coefficient de la dilatation cubique du mercure 0,00018.*

Prenons pour unité de volume la capacité du tube correspondant à chacune de ses divisions, la température étant 12°. Le volume du mercure est alors exprimé par 47 ; à 90° ce volume sera donc

$$\frac{47 \times (1 + 0,00018 \times 90)}{1 + 0,00018 \times 12}. \quad (a)$$

Or, la capacité correspondante à chaque division du tube augmente lorsque la température passe de 12° à 90°, et comme le coefficient de la dilatation cubique du tube est égal à 0,000027, cette capacité devient

$$\frac{1 \times (1 + 0,000027 \times 90)}{1 + 0,000027 \times 12}; \quad (b)$$

par conséquent, le nombre de divisions occupé par la colonne de mercure à 90° est égal au quotient du volume (a) par le volume (b),

ou $\dfrac{47\,(1 + 0,00018 \times 90)\,(1 + 0,000027 \times 12)}{(1 + 0,00018 \times 12)\,(1 + 0,000027 \times 90)}$

On trouve pour résultat 47,58.

Problème 54. *Le coefficient de dilatation du mercure est*
$\frac{1}{5550}$, *quand on prend pour point de départ le zéro du thermomètre centigrade et pour unité de température le degré de ce thermomètre. Quel serait son coefficient de dilatation, si l'on prenait pour point de départ le zéro du thermomètre Fahrenheit et le dégré de ce thermomètre pour unité de température?*

Soit $\frac{1}{m}$ le coefficient cherché. On sait que 100 degrés du thermomètre centigrade correspondent à 180 degrés du thermomètre de Fahrenheit; par conséquent 1 degré du premier thermomètre vaut $1°,8$ du second ; d'ailleurs le thermomètre Fahrenheit marque $32°$ quand le thermomètre centigrade marque $0°$. Un volume V de mercure à $0°$ du thermomètre Fahrenheit deviendra $V\left(1+\dfrac{32}{m}\right)$ en passant à $32°$ de ce thermomètre, et $V\left(1+\dfrac{33,8}{m}\right)$ en passant à $33°,8$; or, dans le premier cas, il est à $0°$ du thermomètre centigrade, et dans le second cas, à $1°$; on a, par conséquent,

$$V\left(1+\frac{33,8}{m}\right)=V\left(1+\frac{32}{m}\right)\left(1+\frac{1}{5550}\right)$$

ou simplement $1+\dfrac{33,8}{m}=\left(1+\dfrac{32}{m}\right)\left(1+\dfrac{1}{5550}\right)$.

On en déduit $\quad m=9958$, d'où $\dfrac{1}{m}=\dfrac{1}{9958}$.

Problème 55. *Dans la détermination de la densité d'un corps, on a opéré à la température de $t°$, et la densité a été trouvée égale à D. On demande la densité de ce corps à la température de $0°$, l'eau étant à la température de $4°$. On connaît les coefficients de dilatation cubique K et K' du corps et de l'eau.*

Soient P et P' le poids du corps et celui de l'eau sous le même volume à la température t. Le volume V du corps deviendrait $\dfrac{V}{1+Kt}$ à $0°$, et son poids serait toujours P. Le volume V de l'eau deviendrait $\dfrac{V}{1 + K' (t - 4)}$, à la température de 4^0, et son poids serait toujours P'. Cherchons, d'après cela, quel serait le poids P'' d'un volume $\dfrac{V}{1 + Kt}$ d'eau à la température de 4^0. Les poids étant alors proportionnels aux volumes, on aurait

$$P'' : P' = \frac{V}{1 + Kt} : \frac{V}{1 + K' (t - 4)},$$

d'où
$$P'' = \frac{P' \, [\, 1 + K' (t - 4) \,]}{1 + Kt}.$$

Nous avons alors les poids P et P'' du corps et de l'eau sous le même volume, à la température de 0^0 pour l'un et de 4^0 pour l'autre ; le quotient de ces poids ou la vraie densité du corps, est donc égale à

$$\frac{P \, (1 + Kt)}{P' \, [\, 1 + K' (t - 4) \,]}, \quad \text{c'est-à-dire} \quad \frac{D \, (1 + Kt)}{1 + K' (t - 4)}.$$

Problème 56. *On a deux baromètres à la température de 60^0 ; l'un contient de la vapeur d'eau à saturation, et la colonne de mercure n'est que de $605^{mm},4$; l'autre marque la pression atmosphérique, et sa hauteur est de $754^{mm},7$. On demande d'en déduire la force élastique de la vapeur d'eau à 60^0.*

Ces deux hauteurs ramenées à la température de 0^0 sont de

$$\frac{605,4}{1 + \dfrac{60}{5550}} \quad \text{et} \quad \frac{754,7}{1 + \dfrac{60}{5550}} ;$$

leur différence est égale à

$$\frac{(754,7 - 605,4) \, 185}{187} \quad \text{ou} \quad 147^{mm},7.$$

C'est la force élastique de la vapeur à 60^0.

Problème 57. *Le rapport entre le poids spécifique du cuivre* à 0° et celui de l'eau à 4° est 8,88. *Le coefficient de la dilatation cubique du cuivre est* $\frac{1}{58200}$, *et la fraction qui représente la dilatation totale de l'eau quand elle passe de 4° à 15° est* $\frac{1}{1143}$. *Cela posé on demande quel est, à 15°, le rapport du poids spécifique de ces deux corps.*

Soit V un certain volume de cuivre à 0°, exprimé en centimètres cubes; son poids est égal à $V \times 8{,}88$ grammes. A 15° ce volume sera

$$V\left(1 + \frac{15}{58200}\right) \text{ ou } V\left(1 + \frac{1}{3880}\right),$$

et son poids sera toujours $V \times 8{,}88$ grammes.

Or, un volume d'eau qui, à 15°, serait égal à $V\left(1 + \frac{1}{3880}\right)$, deviendrait, à la température de 4°,

$$\frac{V\left(1 + \frac{1}{3880}\right)}{1 + \frac{1}{1143}} \text{ ou } \frac{V \times 3881 \times 1143}{3880 \times 1144};$$

ce volume d'eau pèse donc $\dfrac{V \times 3881 \times 1143}{3880 \times 1144}$ grammes.

Nous avons ainsi le poids d'un même volume de cuivre et d'eau, à 15°; il suffit, par conséquent, de diviser l'un par l'autre pour avoir le rapport cherché, ce qui donne

$$\frac{8{,}88 \times 3880 \times 1144}{3881 \times 1143} \text{ ou } 8{,}885.$$

Problème 58. *On a deux règles, l'une de cuivre ayant 1ᵐ,40 de longueur à 0°, l'autre de platine ayant 1ᵐ,50 de longueur à 0° et dont une des extrémités est divisée en cinquièmes de millimètre. Le coefficient de dilatation du cuivre est 0,000017182 et celui du platine 0,000008842. On demande à quelle température se trouvent les deux règles, lorsque leurs longueurs diffèrent de 475 des divisions de la règle de platine.*

Soit t^0 cette température. La longueur de la règle de platine à la températuae de t^0 est de

$$1^m,5\,(1 + 0,000008842 \times t),$$

et celle de la règle de cuivre est de

$$1^m,4\,(1 + 0,000017182 \times t).$$

La règle de platine surpasse donc la règle de cuivre d'une quantité égale à

$$1,5\,(1 + 0,000008842 \times t) - 1,4\,(0,000017182 \times t),$$

ou $\qquad 1^m,5 + 0,000013263\,t - 1,4 - 0,0000240548\,t,$

quantité qui se réduit à $0^m,1 - 0,0000107918\,t.$

Cette différence est égale à 475 divisions de la règle de platine.

Or, ces divisions vaudraient $\dfrac{475}{5}$ millimètres ou $0^m,095$, si elles étaient à la température de 0^0; à la température de t^0, elles valent donc

$$0^m,095\,(1 + 0,000008842\,t)$$

ou $\qquad\qquad 0^m,095 + 0,00000084\,t.$

On a, par conséquent,

$$0,095 + 0,00000084\,t = 0,1 - 0,0000107918\,t,$$

d'où l'on tire $t = \dfrac{0,005}{0,0000116318} = 430^0.$

<hr>

Problème 59. *Dans un tube de verre divisé en 200 parties d'égale capacité, une colonne de mercure pesant $1^{gr},158$ occupe 24 divisions, à la température de 0^0. On veut souder un réservoir à l'extrémité de ce tube pour en faire un thermomètre centigrade, de manière que 150^0 comprennent les 200 divisions du tube. Quelle doit être la capacité de ce réservoir, la densité du mercure étant égale à 13,596?*

Puisque 24 divisions contiennent $1^{gr},158$ de mercure, chaque division en contient $\dfrac{1,158}{24}$, et les 200 divisions en contiendraient $\dfrac{1,158 \times 200}{24}$. Or, ces 200 divisions comprendront 150 degrés; par conséquent, chaque degré contiendra une quantité de mercure égale à

$$\frac{1,158 \times 200}{24 \times 150}\,\text{gr.},$$

et, par suite, un volume de mercure exprimé par

$$\frac{1,158 \times 200}{24 \times 150 \times 13,596}\,\text{cm.c.}$$

Mais ce volume de mercure qui sortira du réservoir, pour une élévation d'un degré dans la température, n'est autre chose que la dilatation apparente du mercure dans le verre ; ce volume est donc $\frac{1}{6480}$ du volume du mercure, à 0°, dans le réservoir; par conséquent, la capacité du réservoir doit être de $\frac{1,158 \times 200 \times 6480}{24 \times 150 \times 13,596}$ centimètres cubes. On trouve pour résultat $30^{\text{cm.c}},67$.

Problème 60. *Un liquide occupe à 0° dans un vase de verre un volume V, et la surface du liquide correspond à un trait marqué sur le verre. Les coefficients K et K' de la dilatation cubique du liquide et du verre sont connus. On demande le volume du liquide qui s'élevera au-dessus du trait, si la température passe de 0° a t°.*

Le volume V du liquide est devenu $V(1 + Kt)$ et la capacité V du vase est devenue $V(1 + K't)$; par conséquent, la quantité de liquide qui s'élève au-dessus du trait est égale à

$$V(1 + Kt) - V(1 + K't) \text{ ou } V(K - K')t.$$

Remarque. On appelle volume apparent d'un liquide, dans un vase à t°, son volume réel mesuré en considérant le vase comme ayant toujours la même capacité.

Le volume réel du liquide à t° est égal à $V(1 + Kt)$; mais chaque unité de la capacité du vase à 0° est devenue $1 + K't$, à t°; par conséquent, le volume du liquide contient $\frac{V(1 + Kt)}{1 + K't}$ de ces nouvelles unités; son volume apparent est donc $\frac{V(1 + Kt)}{1 + K't}$.

Posons $\dfrac{V(1+Kt)}{1+K't} = V(1+K''t)$. En supprimant le facteur V et chassant le dénominateur, il vient :

$$1+Kt = 1+K't+K''t+K'K''t^2,$$

on simplement, $K = K'+K''+K'K''t$.

Le dernier terme $K'K''t$ étant très-petit relativement aux trois autres, il est permis de le supprimer, et l'on a

$$K = K'+K'' \text{ d'où } K'' = K-K'.$$

Le coefficient K'' est appelé coefficient de la dilatation apparente.

Ainsi, V_0 étant le volume *réel* d'un liquide à 0^0, V son volume *apparent* à t^0, et K'' le coefficient de sa dilatation apparente, on a

$$V = V_0(1+K''t).$$

Il en résulte $K'' = \dfrac{V-V_0}{V_0 t}$.

Problème 61. *Un vase sphérique est formé d'une matière don le coefficient de dilatation linéaire est* $\dfrac{1}{25000}$, *et le rayon intérieur de ce vase est égal à* $\dfrac{2}{3}$ *de mètre, à la température de* 0^0. *Combien de kilogrammes de mercure ce vase contient-il :* 1^0 *à 0 degré;* 2^0 *à 25 degrés ?*

1^0 La capacité du vase à 0^0 est égale à $\dfrac{4}{3}\pi\left(\dfrac{2}{3}\right)^3$ mètres cubes ou $\dfrac{32000\,\pi}{81}$ décimètres cubes; en désignant par P le poids du mercure qui remplit le vase, on aura donc

$$P = VD = \dfrac{32000\,\pi \times 13,598}{81} = 16876^{kg},8.$$

2^0 La capacité du vase à 0^0 étant de $\dfrac{32000\,\pi}{81}$ décimètres cubes, sa capacité à 25^0 sera de

$$\frac{32000\,\pi\,(1+\mathrm{K}t)}{81} \text{ ou } \frac{1}{81} \times 32000\,\pi\left(1+\frac{3\times 25}{25000}\right).$$

En simplifiant le dernier facteur, on trouve que l'expression de la capacité se réduit à $\frac{1}{81}\times 32000\,\pi\times 1{,}003$.

Il s'agit donc de trouver le poids d'un volume de mercure qui à 25° est exprimé par $\frac{1}{81}\times 32000\,\pi\times 1{,}003$. Ramenons ce volume de mercure à 0° en le divisant par $1+\mathrm{K}t$, K étant le coefficient de dilatation du mercure, ou $\frac{1}{5550}$; ce volume devient

$$\frac{32000\,\pi\times 1{,}003}{81\left(1+\dfrac{25}{5550}\right)} \text{ ou } \frac{32000\,\pi\times 1{,}003}{81\left(1+\dfrac{1}{222}\right)},$$

ou enfin
$$\frac{32000\,\pi\times 1{,}003\times 222}{81\times 223}.$$

On a, par conséquent, pour le poids P′ du mercure qui remplit le vase à 25°,

$$\mathrm{P}'=\frac{32000\,\pi\times 1{,}003\times 222\times 13{,}598}{81\times 223}=16851^{\mathrm{kg}}{,}5.$$

Problème 62. *On veut faire avec de l'acier et du laiton un pendule compensateur dont la longueur constante soit de $0^{\mathrm{m}}{,}50$; on sait que le coefficient de dilatation de l'acier est de 0,000010791 et celui du laiton 0,000018782. Quelle disposition devra-t-on donner à ce pendule et quelles devront être les longueurs des barres d'acier et de laiton pour que la compensation ait lieu?*

Dans le pendule à châssis, la somme des longueurs des tiges d'acier prises sur l'axe et d'un même côté de l'axe surpasse la somme des tiges de laiton prises d'un même côté de l'axe d'une quantité égale à la longueur du pendule: et c'est par l'égalité entre les dilatations de ces deux sommes que la longueur du pendule est invariable. Si nous désignons par x la somme des longueurs des tiges de laiton, à la température de 0°, celle des tiges d'acier sera $x+0{,}5$; et nous devrons avoir

$$(x + 0,5) \times 0,000010791 = x \times 0,000018782 ;$$

il en résulte $\qquad x = \dfrac{0,5 \times 10791}{7991} = 0^m,6752.$

La longueur des tiges d'acier sera, par conséquent, de $1^m,1752$. On voit en outre qu'il faudra un double châssis d'acier et un double châssis de laiton.

Problème 63. *Le coefficient de dilatation des gaz est* $\dfrac{1}{273}$ *quand on prend pour terme de comparaison le volume à* $0°$; *quel serait leur coefficient de dilatation si l'on prenait le volume à* $t°$.

Soient V_0 le volume d'un gaz à $0°$ et V son volume à $t°$; on a $V = V_0 \left(1 + \dfrac{t}{273} \right)$. Pour son volume à $t'°$ on a aussi $V' = V_0 \left(1 + \dfrac{t'}{273} \right)$. De t à t' degrés il y a $t' - t$ degrés; par conséquent, si $\dfrac{1}{K}$ est le coefficient cherché, nous aurons

$$V' = V \left(1 + \frac{t' - t}{K} \right),$$

ou $\qquad V_0 \left(1 + \dfrac{t'}{273} \right) = V_0 \left(1 + \dfrac{t}{273} \right) \left(1 + \dfrac{t' - t}{K} \right),$

égalité qui se réduit à $K = 273 + t.$

Le coefficient de dilation serait donc $\dfrac{1}{273 + t}.$

Problème 64. *A quelle température se trouve un mètre cube d'air, s'il pèse 842 grammes, la pression étant de* $0^m,565$?

Soit t cette température. Le volume ramené à la température de $0°$ et à la pression de $0^m,760$ sera de

$$\frac{1^{m.c} \times 565}{(1 + 0,00366 \times t) \times 760},$$

son poids est donc égal à

$$\frac{1300^{gr} \times 565}{(1 + 0,00366 \times t) \times 760},$$

on a, par conséquent,

$$842 = \frac{1300 \times 565}{(1 + 0,00366 \times t) \times 760},$$

d'où l'on tire

$$t = \frac{1300 \times 565 - 842 \times 760}{0,00366 \times 842 \times 760} = 40^{o},38.$$

Problème 65. *Un ballon vide pèse* 755^{gr},753; *plein d'air,* 771^{gr},409; *plein d'un autre gaz,* 789^{gr},064. *On demande la densité de ce gaz, les pesées ayant été faites à la pression de* 0^{m},76 *et à la température de* 0°. *Quelles seraient les corrections à faire si les pesées avaient été faites à la pression de* 0^{m},74 *et à la température de* 15° ?

Le poids de l'air contenu dans le ballon est de

771, 409 — 755,753 ou 15^{gr},656.

Le poids du gaz contenu dans le ballon est de

789,064 — 755,753 ou 33^{gr},311.

La densité du gaz est donc de $\dfrac{33,311}{15,656} = 2,128.$

Si les pesées sont faites à une autre température et à une autre pression, on obtiendra toujours la même densité ; car le poids du gaz et le poids de l'air se trouveront multipliés ou divisés en même temps par les mêmes nombres, ce qui ne changera pas leur rapport, et c'est ce rapport qui est la densité du gaz.

Problème 66. *Quelle correction aurait-on dû faire dans le problème précédent si les pesées avaient été faites à la même température, mais à la pression de* 0^{m},75 *pour l'air, et à la pression de* 0^{m},77 *pour le gaz ?*

Il aurait fallu alors ramener l'une des pesées à ce qu'elle aurait été sous la pression correspondante à l'autre pesée. Or, le volume du gaz restant le même, le poids est proportionnel à la densité et, par suite, à la pression. Par conséquent, en corrigeant, par exemple, le poids du gaz, on aurait pris, au lieu de $33^{gr},311$, le poids x donné par la proportion

$$\frac{x}{33,311} = \frac{75}{77}, \text{ d'où } x = 33,311 \times \frac{75}{77}.$$

Le poids du gaz étant multiplié par $\frac{75}{77}$, la densité obtenue précédemment devrait être multipliée par le même nombre.

Problème 67. *A quelle température faut-il porter un gaz renfermé dans un vase à parois inextensibles pour que sa force élastique devienne double. On résoudra le problème dans l'hypothèse où la température actuelle du gaz est 0°, et dans celle où la température actuelle serait 100°.*

Quand le volume ne varie pas, les forces élastiques P et P′ d'un gaz sont proportionnelles aux modules de dilatation :

$$\frac{P}{P'} = \frac{1 + K t}{1 + K t'}.$$

Pour $P' = 2P$ et $t = 0$, on a $\dfrac{1}{2} = \dfrac{1}{1 + K t'}$, d'où $t' = \dfrac{1}{K}$;

$K = 0,00366$ ou $\dfrac{1}{273}$; par conséquent, $t' = 273°$. C'est la réponse à la première question.

Pour $\qquad\qquad P' = 2P$ et $t = 100,$

on a $\qquad\qquad \dfrac{1}{2} = \dfrac{1 + 100\,K}{1 + K t'},$

d'où $\qquad\qquad t' = 200 + \dfrac{1}{K} = 473°.$

C'est la réponse à la seconde question.

Problème 68. *On a de l'air à 10° et sous la pression de 0^m,76, dans une enveloppe extensible. A quelle température faut-il porter cet air pour que son volume devienne deux fois moindre ?*

Les volumes sont proportionnels aux modules de dilatation; si donc on désigne par x la température cherchée, on aura

$$\frac{\frac{1}{2}V}{V} = \frac{1 + Kx}{1 + 10K} \quad \text{ou} \quad \frac{1 + Kx}{1 + 10K} = \frac{1}{2}.$$

En remplaçant K par $\frac{1}{273}$, on trouve $x = -131°,5$; c'est donc à 131°,5 au-dessous de 0° qu'il faut porter la température du gaz.

Problème 69. *On a un certain volume d'air à la température de 100° et à la pression de 0^m,76. A quelle pression faut-il soumettre ce gaz pour qu'en portant sa température à 200 degrés le volume devienne double ?*

Nous avons un volume de gaz V à la température de 100° et à la pression de 0^m,76; si nous portons ce gaz à la température de 200° et à la pression x, il deviendra

$$\frac{V(1 + 0,00366 \times 200) \times 0,76}{(1 + 0,00366 \times 100) \times x};$$

or, d'après l'énoncé, ce volume doit devenir double; on a donc

$$\frac{V(1 + 0,00366 \times 200) \times 0,76}{(1 + 0,00366 \times 100) \times x} = 2V,$$

ou simplement,

$$\frac{(1 + 0,00366 \times 200) \times 0,76}{(1 + 0,00366 \times 100) \times x} = 2;$$

il en résulte

$$x = \frac{(1 + 0,00366 \times 200) \times 0,76}{(1 + 0,00366 \times 100) \times 2} = 0^m,4818.$$

Problème 70. *Un gaz avait une densité D à la température* *de 0° et sous la pression H; le même gaz a une densité d à la température de t°. On demande la pression à laquelle le gaz est actuellement soumis. Les densités D et d sont prises par rapport à l'eau.*

Soit V le volume actuel du gaz. Puisque sa densité est d, son poids est Vd. Or, si l'on ramène son volume V de la température t à la température 0°, et de la pression inconnue x à la pression H, il deviendra $\dfrac{Vx}{(1 + Kt)\,H}$; mais alors sa densité sera D; son poids sera donc $\dfrac{VDx}{(1 + Kt)\,H}$;

on a, par conséquent,

$$\frac{VDx}{(1 + Kt)\,H} = Vd, \quad \text{d'où} \quad x = \frac{Hd\,(1 + Kt)}{D}.$$

Problème 71. *On fait jouer une machine pneumatique jusqu'à ce que la pression, qui était d'abord de 0ᵐ,76 soit réduite à 0ᵐ,21. La température est de 0° pendant la durée de l'expérience, et la cloche a une capacité de 7ˡⁱᵗ.,53. 1° On demande le poids de l'air qui reste sous la cloche et le poids de l'air qui en a été retiré ; 2° on demande quels seraient ces deux poids si la température avait été de 15°.*

1° La densité est proportionnelle à la pression ; par conséquent, à la pression de 0ᵐ,21, la densité x de l'air sera donnée par la proportion

$$\frac{x}{1} = \frac{0,21}{0,76} \quad \text{ou} \quad x = \frac{21}{76}.$$

Le poids de l'air qui reste sous la cloche est donc égal à

$$1^{\text{gr}},3 \times 7,53 \times \frac{21}{76} \quad \text{ou} \quad 2^{\text{gr}},705.$$

Quant au poids de l'air retiré de la cloche, c'est la différence entre le poids précédent et le poids de l'air qui était primitivement sous la cloche, lequel est égal à $1^{\text{gr}},3 \times 7,53$ ou $9^{\text{gr}},789$. On a donc $9,789 - 2,705$ ou $7^{\text{gr}},084$ pour le poids de l'air retiré de la cloche.

On peut d'ailleurs trouver ce poids *à priori* en remarquant qu'il aurait un volume de 7ˡⁱᵗ.,53 à la pression de 0ᵐ,76 — 0ᵐ,21 ou $0^m,55$; il est donc exprimé par $1^{gr},3 \times 7,53 \times \dfrac{55}{76}$.

2° Pour avoir les deux poids précédents dans l'hypothèse d'une température égale à 15°, il suffit de ramener les densités à la température de 15°, ce qui se fait en les divisant par

$$1 + 0,00366 \times 15 \text{ ou } 1,0549.$$

On divisera donc par $1,0549$ chacun des poids précédents, ce qui donnera $2^{gr},564$ pour le premier, et $6^{gr},715$ pour le second.

Problème 72. *Un ballon vide pèse $129^{gr},714$; plein d'air à la température de 8° il pèse $142^{gr},064$; plein d'un autre gaz à la température de 11° il pèse $157^{gr},506$. On demande la densité du gaz par rapport à l'air, la pression n'ayant pas varié pendant les expériences.*

Le poids de l'air contenu dans le ballon à la température de 8° est de

$$142^{gr},064 - 129^{gr},714 \text{ ou } 12^{gr},350;$$

à la température de 0°, le même volume d'air pèserait donc $12^{gr},350 \times (1 + 0,00366 \times 8)$.

Le poids du gaz contenu dans le ballon à la température de 11° est de

$$157^{gr},506 - 129^{gr},714 \text{ ou } 27^{gr},792;$$

à la température de 0°, le même volume de gaz pèserait donc $27^{gr},792 \times (1 + 0,00366 \times 11)$.

Or, pour une variation de 3° dans la température la capacité du ballon a varié assez peu pour qu'on puisse n'en pas tenir compte et regarder le volume de l'air à 8° comme étant égal au volume du gaz à 11°; par conséquent, la densité du gaz est égale à

$$\frac{27,792 \times (1 + 0,00366 \times 11)}{12,350 \times (1 + 0,00366 \times 8)}.$$

On trouve pour résultat $2,276$.

Problème 73. *Un corps perd dans l'air $5^{gr},327$ de son poids* à la température de 0° et à la pression de $0^m,76$. On demande : 1° son volume ; 2° combien il aurait perdu de son poids si l'expérience avait été faite à la température de 15° et à la pression de $0^m,79$. On sait que la densité de l'air est de $\dfrac{1}{770}$ et son coefficient de dilatation 0,00366. On négligera la dilatation du corps dans le changement de température.

La perte de poids que le corps éprouve dans l'air représente le poids du volume d'air déplacé ; on a donc $5,327 = V \times \dfrac{1}{770}$, d'où $V = 5,327 \times 770 = 4032,49$ centimètres cubes. C'est la réponse à la première question.

Si la température est de 15° et la pression de $0^m,79$, le corps déplacera toujours le même volume d'air, puisqu'on ne tient pas compte de la dilatation du corps ; ce volume $5,327 \times 770$, ramené à la température de 0° et à la pression de $0^m,76$ serait égal à

$$\frac{5,327 \times 770 \times 79}{(1 + 0,00366 \times 15) \times 76},$$

et, par suite, son poids serait de

$$\frac{5,327 \times 770 \times 79}{(1 + 0,00366 \times 15) \times 76 \times 770}$$

ou

$$\frac{5,327 \times 79}{(1 + 0,00366 \times 15) \times 76} \text{ grammes.}$$

On trouve pour résultat $5^{gr},249$.

Problème 74. *Combien pèse à 0° et à $0^m,76$ de pression l'hydrogène contenu dans un ballon sphérique dont la surface a 10 mètres carrés ? Combien pèserait ce volume d'hydrogène si le gaz se trouvait à la température de 15° et à la pression de $0^m,77$? On sait que la densité de l'hydrogène rapportée à celle de l'air est de 0,0692 et que la densité de l'air rapportée à celle de l'eau est de* $\dfrac{1}{770}$.

Soit D le diamètre du ballon. On a $\pi D^2 = 10$ mètres carrés ou $\pi D^2 = 1000$ décimètres carrés ; il en résulte $D = \sqrt{\dfrac{1000}{\pi}}$; par

conséquent, le volume du ballon $\frac{1}{6}\pi D^3$ est égal à $\frac{1}{6}\pi\sqrt{\dfrac{10^9}{\pi^3}}$,
et, par suite, le poids actuel de l'hydrogène qu'il contient est exprimé par

$$\frac{1}{6}\pi\sqrt{\frac{10^9}{\pi^3}}\times\frac{1}{770}\times 0,0692.$$

On trouve pour résultat $0^{kg},26723$.

Si la température était de 15^0 et la pression de $0^m,77$, le volume ramené à 0^0 et à la pression de $0^m,76$ serait de

$$\frac{\frac{1}{6}\pi\sqrt{\dfrac{10^9}{\pi^3}}\times 77}{(1+0,00366\times 15)\times 76};$$

le poids serait donc de

$$\frac{\frac{1}{6}\pi\sqrt{\dfrac{10^9}{\pi^3}}\times 77\times\dfrac{1}{770}\times 0,0692}{(1+0,00366\times 15)\times 76},$$

ce qui revient à $\dfrac{0,26723\times 77}{(1+0,00366\times 15)\times 76}$.

On trouve pour résultat $0^{kg},2567$.

Problème 75. *Un vase sphérique de $0^m,25$ de diamètre est rempli de gaz hydrogène à la température de 35^0 et à la pression de $0^m,78$. On demande quel est le poids de ce gaz, et quel en serait le volume si la température tombait à 5^0 au-dessous de zéro et la pression atmosphérique à $0^m,74$. On prendra pour densité de l'hydrogène $0,069$ et pour coefficient de la dilatation de ce gaz $0,00366$.*

Le volume actuel du gaz est de $\frac{1}{6}\pi (2,5)^3$ décimètres cubes. A la température de 0^0 et sous la même pression de $0^m,78$ ce volume serait donc $\dfrac{\frac{1}{6}\pi (2,5)^3}{1+0,00366\times 35}$: par suite, à la température de 0° et sous la pression de 0^m,76 ce volume serait exprimé par

$$\frac{\frac{1}{6}\,\pi\,(2,5)^3 \times 78}{(1 + 0,00366 \times 35) \times 76}.$$

Il en résulte que le poids de l'hydrogène est égal à

$$\frac{1^{gr},3 \times \frac{1}{6}\,\pi\,(2,5)^3 \times 78 \times 0,069}{(1 + 0,00366 \times 35) \times 76} \quad \text{ou} \quad 0^{gr},6791.$$

Quant au volume que le gaz occuperait à la température — 5° et sous la pression de 0^m,74 nous l'obtiendrons de la même manière. Nous connaissons le volume à 0° et sous la pression de 0^m,78; nous passerons de 0° à — 5° en multipliant ce volume par 1 — 0,00366 × 5; puis nous passerons de la pression 0^m,78 à la pression 0^m,74 en multipliant par $\frac{78}{74}$; nous aurons ainsi

$$\frac{\frac{1}{6}\,\pi\,(2,5)^3\,(1 - 0,00366 \times 5) \times 78}{(1 + 0,00366 \times 35) \times 74} \quad \text{ou} \quad 7^{lit},918.$$

Problème 76. *A la température de 20° on a trouvé 560^{gr},27 pour le poids d'un ballon plein d'air, et 6427^{gr},46 pour le poids du même ballon plein d'eau. On demande quelle sera la capacité du ballon à la température de 0°. On prendra 1^{gr},3 pour le poids d'un litre d'air au moment de l'expérience; 0,00009 pour coefficient de la dilatation cubique de la matière du ballon, et 0,00179 pour la fraction dont se dilate l'unité de volume d'eau, on passant de 4° à 20°.*

Soit x la capacité du ballon exprimée en litres à 0°; à 20° sa capacité est $x\,(1 + 0,00009 \times 20)$; le poids de l'air qu'il contient est donc de

$$1^{gr},3 \times x\,(1 + 0,00009 \times 20).$$

Quant au poids de l'eau, il est d'autant de fois 1000 grammes que son volume contiendrait de décimètres cubes à 4°, ce qui fait

$$\frac{1000^{gr} \times x\,(1 + 0.00009 \times 20)}{1 + 0,00179}.$$

En ajoutant au poids de l'air le poids y du vase, on doit trouver 560^{gr},27; et en ajoutant y au poids de l'eau, on doit obtenir 6427^{gr},46. On a donc les deux équations

$$y + 1,3 \times x\,(1 + 0,00009 \times 20) = 560,27,$$

$$y + \frac{1000\,x\,(1 + 0,00009 \times 20)}{1 + 0,00179} = 6427,46,$$

d'où l'on tire facilement la valeur de x.

On trouve $\qquad\qquad x = 5^{\text{lit}}.8853.$

PROBLÈMES

SUR LE MÉLANGE DES GAZ.

PRINCIPES. **1.** *Dans le mélange des gaz, les forces élastiques s'a-joutent, ces forces élastiques étant données ou calculées d'après le volume final.*

Si donc différents gaz, ayant même volume V et des forces élas-tiques respectivement égales à f, f', f'', sont mélangés dans un ballon dont le volume est aussi égal à V, et qu'on désigne par F la force élastique de leur mélange, on aura

$$F = f + f' + f''.$$

Mais si v, v', v'' sont les volumes de différents gaz dont les forces élastiques actuelles sont f, f', f'', et que ces trois gaz forment un mélange dont le volume soit V et la force élastique F, il faudra calculer d'abord la force élastique que prendra cha-que gaz quand son volume sera V, puis faire la somme de ces forces élastiques. On trouve que ces forces sont :

$$\text{Pour le premier gaz......} \quad \frac{fv}{V},$$

$$\text{Pour le second.........} \quad \frac{f'\,v'}{V}.$$

$$\text{Pour le troisième.......} \quad \frac{f''\,v''}{V};$$

on a, par conséquent,

$$F = \frac{fv}{V} + \frac{f'\,v'}{V} + \frac{f''\,v''}{V},$$

ou
$$FV = fv + f'\,v' + f''\,v''.$$

Ces formules supposent que la température est la même pour chacun des gaz et pour leur mélange.

2. Les gaz étant rarement secs, la plupart des questions rela-tives aux gaz exigent que l'on ait égard à la vapeur d'eau qu'ils contiennent. Rappelons les principaux faits numériques qui se rapportent à cette vapeur.

1° La densité de la vapeur d'eau est égale à 0,624, ou plus simplement $\frac{5}{8}$, c'est-à-dire que le poids d'un certain volume de vapeur d'eau est les $\frac{5}{8}$ du poids du même volume d'air, pris à la même température et sous la même pression.

2° Quand un espace est saturé de vapeur d'eau, la tension de cette vapeur ne dépend que de la température. Quand l'espace n'est pas saturé, la tension est proportionnelle à l'état hygrométrique; en sorte que si l'état hygrométrique est égal à $\frac{5}{7}$, par exemple, la tension de la vapeur sera les $\frac{5}{7}$ de la tension maximum, c'est-à-dire de la tension qui correspond à la saturation, pour la même température.

3° La tension de la vapeur représente la pression qu'elle supporte; en sorte que si l'on dessèche un gaz, sans modifier son volume, la force élastique du gaz sec sera égale à la pression ou force élastique totale diminuée de la tension de la vapeur d'eau. On voit facilement ce qui arriverait si, au lieu de dessécher le gaz, on y introduisait de la vapeur d'eau sans modifier son volume.

Problème 77. *Dans un vase vide dont la capacité est de 8 litres, on introduit* 3^{lit},7 *d'azote à la pression de* 760^{mm}, 5^{lit},9 *d'hydrogène à la pression de* 758^{mm}, *et* 2^{lit},17 *d'acide carbonique à la pression de* 748^{mm}. *On demande quelle sera la force élastique du mélange.*

On sait que v, v', v'' étant les volumes de différents gaz dont les forces élastiques sont f, f', f'', on a, en désignant par V et F le volume et la force élastique de leur mélange,

$$VF = vf + v'f' + v''f''$$

d'où

$$F = \frac{vf + v'f' + v''f''}{V};$$

la force élastique cherchée est donc égale à

$$\frac{3,7 \times 760 + 5,9 \times 758 + 2,17 \times 748}{8} \text{ ou } 1^m,114.$$

Problème 78. *Dans un vase vide, à parois extensibles, on introduit* $4^{lit.},11$ *d'air à la pression de* 759^{mm}, $9^{lit.},18$ *d'azote à la pression de* 527^{mm} *et* $2^{lit.},472$ *d'acide carbonique à la pression de* 624^{mm}. *On demande quel sera le volume du mélange, la pression extérieure étant de* 763^{mm}.

On sait que v, v', v'' étant les volumes de différents gaz dont les forces élastiques sont f, f', f'', on a, en désignant par V et F le volume et la force élastique de leur mélange,

$$VF = vf + v'f' + v''f'',$$

d'où
$$V = \frac{vf + v'f' + v''f''}{F};$$

dans le problème actuel F est égal à la pression extérieure 763^{mm}; par conséquent, le volume cherché est de

$$\frac{4,11 \times 759 + 9,18 \times 527 + 2,472 \times 624}{763} \text{ ou } 12^{lit},45.$$

Problème 79. *Un volume d'air humide est de* $55^{lit}, 37$ *à la température de* $15^°$ *et à la pression de* $0^m,73$. *On demande ce que deviendra ce volume à la température de* $25^°$ *et à la pression de* $0^m,78$, *s'il reste toujours saturé de vapeur d'eau. On sait que la tension de la vapeur d'eau à* $15^°$ *est de* $0^m,0128$ *et à* $25^°$ *de* $0^m,0231$.

L'air sec se trouve d'abord à la température de $15^°$ et à la pression de $0^m,73 - 0^m,0128$ ou $0^m,7172$; il se trouve ensuite à la température de $25^°$ et à la pression de $0^m,78 - 0^m,0231$ ou $0^m,7569$. Son volume sera donc

$$\frac{55,37 \times (1 + 0,00366 \times 25) \times 0,7172}{(1 + 0,00366 \times 15) \times 0,7569} \text{ ou } 54^{lit},38.$$

Tel est aussi le volume de l'air humide.

Problème 80. *Un certain volume de gaz humide à la tem-*

pérature de 15° avait une force élastique de 0^m,772; quelques jours après, la température étant de 21°, le gaz étant toujours saturé de vapeur et son volume n'ayant pas changé, sa force élastique est de 0^m,778. On demande si dans l'intervalle il y a eu absorption ou dégagement de gaz. On sait d'ailleurs que la tension de la vapeur à 15° est de 0^m,0128 et à 21° de 0^m,0183.

Le gaz sec était d'abord à la température de 15° et à la pression de 0^m,772 — 0,0128 ou 0^m,7592; il se trouve ensuite à la température de 21° et à la pression de 0^m,778 — 0^m,0128 ou 0^m,7652; si la quantité de gaz est toujours la même, son volume primitif V a dû devenir

$$\frac{V\,(1 + 0,00366 \times 21) \times 0,7592}{(1 + 0,00366 \times 15) \times 0,7652} \quad \text{ou} \quad \frac{V \times 0,7759}{0,7652}.$$

On voit par là que le volume aurait dû augmenter; s'il n'a pas changé, c'est qu'il y a eu absorption.

Problème 81. *Dans un vase vide, d'une capacité de 220 litres, on a introduit d'abord 1 litre d'air sous la pression de 0^m,76, puis de l'eau en quantité telle qu'il en reste définitivement 2 dixièmes de mètre cube à l'état liquide. On demande la pression intérieure, en supposant que la température soit de 30° au moment de l'expérience; on sait qu'à cette température la tension maximum de la vapeur d'eau est de 35 millimètres.*

La pression intérieure est égale à la somme des forces élastiques de l'air et de la vapeur. Celle de la vapeur est déjà connue; d'après l'énoncé, elle est égale à 0^m,035. Quant à celle de l'air, elle était de 0^m,76 lorsque son volume était de 1 litre; actuellement, ce volume est égal à la capacité du vase, 220 litres, moins le volume 0^m,2 ou 200 litres, occupé par l'eau; le volume de l'air est donc de 20 litres, c'est-à-dire 20 fois plus grand qu'auparavant; par suite, sa force élastique n'est que le vingtième de 0^m,76 ou 0^m,038.

La pression intérieure est donc de

$$0^m,035 + 0^m,038 \text{ ou } 0^m,073.$$

Problème 82. *Une certaine quantité d'air sec pèse 5ᵍʳ,017 à la température de 0° et sous la pression de 0ᵐ,76. On la chauffe à 30° sous la pression de 0ᵐ,77, en lui permettant de se saturer de vapeur d'eau, et l'on demande quel sera alors le volume qu'elle occupera, la tension maximum de la vapeur d'eau à 30° étant de 0ᵐ,0315.*

À la température de 0° et sous la pression de 0ᵐ,76 on a entre le poids de l'air et son volume la relation $P = 1^{gr},3 \times V$; donc $5,017 = 1,3 \times V$, d'où $V = \dfrac{5,017}{1,3}$ décimètres cubes. Si la pression ne changeait pas et que la température devînt 30°, ce volume deviendrait

$$\frac{5,017 \times (1 + 0,00366 \times 30)}{1,3},$$

mais la pression devient 0ᵐ,77 dont 0ᵐ,0315 sont supportés par la vapeur d'eau; l'air n'est donc plus soumis qu'à une pression de 0ᵐ,77 — 0ᵐ,0315 ou 0ᵐ,7385; par conséquent, son volume sera de

$$\frac{5,017 \times (1 + 0,00366 \times 30) \times 0,76}{1,3 \times 0,7385} \quad \text{ou } 4^{lit},408.$$

Problème 83. *On a recueilli sur l'eau 500 litres d'hydrogène à la température de 15° et à la pression de 0ᵐ,745. Quel sera le volume du gaz desséché à 10° et sous la pression de 0ᵐ,76? On sait qu'à la température de 15° la tension maximum de la vapeur d'eau est de 12ᵐᵐ,837.*

Le gaz recueilli sur l'eau est saturé de vapeur dont la tension est de 0ᵐ,012837; le gaz desséché au moment de l'expérience aurait donc encore un volume de 500 litres, la température étant de 15°, mais la pression n'étant plus que de

$$0^m,745 - 0^m,012837 \text{ ou } 0^m,732163.$$

Ainsi, nous avons le volume 500ˡⁱᵗ, à 15° et à 0ᵐ,732163, et nous cherchons le volume x à 10° et à 0ᵐ,76. Ce volume est égal à

$$\frac{500 \times (1 + 0,00366 \times 10) \times 0,732163}{(1 + 0,00366 \times 15) \times 0,76} \quad \text{ou } 472^{lit},9.$$

Problème 84. *Dans un tube vertical fermé par en haut on a de l'air sec à 10° occupant une longueur de 1ᵐ. Ce tube plonge dans une cuvette à mercure et le mercure s'élève de 300 millimètres dans l'intérieur du tube. On sature ensuite l'espace qui contient l'air sec avec de la vapeur d'eau à 10° dont la force élastique est alors de 9ᵐᵐ,165. A quelle hauteur s'élèvera le mercure dans le tube, la pression atmosphérique étant de 0ᵐ,760?*

Soit x millimètres la hauteur à laquelle s'élèvera le mercure. Le volume d'air occupe actuellement une longueur de 1ᵐ ou 1000 millimètres et la pression qu'il supporte est de 760 — 300 ou 460 millimètres. Après l'introduction de la vapeur, le volume de l'air occupera une longueur de 1000 + 300 — x ou (1300 — x) millimètres et la pression qu'il supportera sera de 760 — 9,165 — x ou (750,835 — x) millimètres. Or, les volumes sont en raison inverse des pressions; donc

$$\frac{1000}{1300 - x} = \frac{750,835 - x}{460}.$$

Il en résulte $460000 = 976085,5 — 2050,835\,x + x^2$

ou $\qquad x^2 — 2050,835\,x + 516085,5 = 0.$

On en tire $x = 292^{mm},06$. La seconde valeur de x, étant plus grande que 1300, ne peut convenir à la question.

Problème 85. *A 25° et à la pression de 0ᵐ,742, le poids d'un volume d'air humide est de 102ᵍʳ,45. On demande de trouver le poids du même volume d'air sec à 0° et à la pression de 0ᵐ,76, sachant qu'à 25° la tension de la vapeur d'eau est de 0ᵐ,0231.*

Soit x le poids cherché, à 0° et à la pression de 0ᵐ,76. Si nous prenons le même volume de gaz sec à 25° et à la pression de 0ᵐ,742 — 0ᵐ,0231 ou 0ᵐ,7189, le poids doit varier en raison directe de la densité; ce poids sera donc

$$\frac{x \times 0,7189}{(1 + 0,00366 \times 25) \times 0,76}.$$

D'ailleurs le poids de la vapeur contenue actuellement dans le volume d'air est les $\frac{5}{8}$ du poids du même volume d'air à la température de 25° et à la pression de 0ᵐ,0231, c'est-à-dire

$$\frac{x \times 0,0231 \times \dfrac{5}{8}}{(1 + 0,00366 \times 25) \times 0,76}.$$

Or, la somme de ces deux poids est égale à $102^{gr},45$; on a donc

$$\frac{x \left(0,7189 + 0,0231 \times \dfrac{5}{8} \right)}{(1 + 0,00366 \times 25) \times 0,76} = 102,45$$

d'où
$$x = \frac{102,45 \, (1 + 0,00366 \times 25) \times 0,76}{0,7189 + 0,0231 \times \dfrac{5}{8}} = 115^{gr},9.$$

Problème 86. *Un litre d'air à 0^0 sous la pression de $0^m,76$ pèse $1^{gr},293$; la densité de la vapeur d'eau prise par rapport à l'air est $\dfrac{5}{8}$. On demande le poids d'un mètre cube d'air humide à la température de 30^0 sous la pression de $0^m,77$, l'état hygrométrique étant égal à $\dfrac{3}{4}$, et la tension de la vapeur d'eau a 30^0 étant de $0 ,0315$.*

Remarquons d'abord que l'état hygrométrique étant $\dfrac{3}{4}$, la tension actuelle de la vapeur d'eau n'est que les $\dfrac{3}{4}$ de $0^m,0315$ ou $0^m,0236$. Cela posé, considérons séparément l'air sec et la vapeur d'eau.

Nous avons un volume d'air sec égal à 1 mètre cube ou 1000 décimètres cubes, à la température de 30^0 et sous la pression de $0^m,77 - 0^m,0236$ ou $0^m,7464$. En passant à 0^0 et à la pression de $0^m,76$ ce volume deviendra

$$\frac{1000 \times 0,7464}{(1 + 0,00366 \times 30) \times 0,76} ;$$

par conséquent son poids est exprimé par

$$\frac{1^{gr},293 \times 1000 \times 0,7464}{(1 + 0,00366 \times 30) \times 0,76}.$$

Quant à la vapeur d'eau, nous en avons 1000 décimètres cubes à la température de 30° et sous la pression de $0^m,0236$. Or, 1000 décimètres cubes d'air dans les mêmes conditions pèseraient

$$\frac{1^{gr},293 \times 1000 \times 0,0236}{(1 + 0,00366 \times 30) \times 0,76};$$

par conséquent, le poids de la vapeur d'eau est de

$$\frac{1^{gr},293 \times 1000 \times 0,0236 \times \frac{5}{8}}{(1 + 0,00366 \times 30) \times 0,76},$$

et le poids cherché est exprimé par

$$\frac{1^{gr},293 \times 1000}{(1 + 0,00366 \times 30) \times 0,76} \left(0,7464 + 0,0236 \times \frac{5}{8}\right) \text{ ou } 1167^{gr}..$$

Problème 87. *Un cylindre fermé, dont la hauteur est* H, *est rempli d'eau à la hauteur* h; *le reste du cylindre contient de l'air à la pression* f, *et il est en outre saturé de vapeur d'eau dont la tension est* f'. *Si l'on perce une petite ouverture à la partie inférieure du vase, combien s'écoulera-t-il d'eau? La pression extérieure est de* $0^m,76$; *la densité de l'eau étant* 1, *celle du mercure est* 13,59, *et la température n'a pas varié pendant l'expérience.*

L'eau s'écoulera jusqu'à ce que la pression dans l'intérieur du vase soit égale à la pression atmosphérique, laquelle est de $0^m,76$.

Au moment où l'eau cessera de s'écouler, la pression dans l'intérieur du vase se composera :

1° De la pression d'une colonne d'eau y, laquelle équivaut à une colonne de mercure qui serait de $\frac{y}{13,6}$;

2° De la pression due à l'air dont le volume avait primitivement une hauteur égale à $H - h$, et qui a maintenant une hauteur égale à $H - y$; or, les volumes sont en raison inverse des pressions; d'ailleurs ils sont en raison directe des hauteurs; par conséquent, en désignant par x la pression actuelle de cet air, nous aurons

$$\frac{x}{f} = \frac{H - h}{H - y}, \quad \text{d'où} \quad x = \frac{f(H - h)}{H - y};$$

3° De la tension f' de la vapeur d'eau, laquelle n'a pas varié, puisque la température est restée la même.

L'équation qui donne y est donc

$$\frac{y}{13,6} + \frac{f(H - h)}{H - y} + f' = 0^m,76.$$

On en tire

$$y = 27,2 \left[0,76 + \frac{H}{13,6} - f' \pm K \right],$$

la quantité K étant égale à

$$\sqrt{\left(0,76 + \frac{H}{13,6} - f' \right)^2 - \frac{1}{3,4} \left[(0,76 - f' - f) H + fh \right]}.$$

Connaissant y, il suffira de prendre la différence entre h et y pour connaître la colonne d'eau qui est sortie du vase.

PROBLÈMES

SUR LA CHALEUR SPÉCIFIQUE ET LA CHALEUR LATENTE.

PRINCIPES. 1. On appelle *unité de chaleur* ou *calorie* la quantité de chaleur nécessaire pour élever d'un degré la température d'un kilogramme d'eau.

Si P est le poids d'une certaine quantité d'eau, t la température qu'elle a quittée, t' celle qu'elle a prise, C le nombre d'unités de chaleur qu'elle a reçues ou perdues, on a

$$C = P(t' - t) \text{ ou } C = P(t - t'),$$

suivant que la température s'est élevée ou abaissée. *On multiplie le poids de l'eau par son changement de température.*

2. On appelle *capacité calorifique* ou *chaleur spécifique* d'une substance le nombre d'unités de chaleur nécessaires pour élever d'un degré la température d'un kilogramme de cette substance. Cette capacité calorifique se désigne par c. Pour l'eau, $c = 1$.

Si l'on désigne par P le poids d'un corps, par t la température qu'il a quittée, par t' celle qu'il a prise, par C le nombre d'unités de chaleur qu'il a reçues ou perdues, et par c la chaleur spécifique de la substance, on a

$$C = cP(t' - t) \text{ ou } C = cP(t - t'),$$

suivant que le corps a reçu ou perdu de la chaleur.

On multiplie la chaleur spécifique par le poids du corps et par le changement de température.

3. Outre la chaleur sensible que reçoivent les corps, il y a lieu de considérer la chaleur latente qu'ils absorbent dans un changement d'état. C'est ainsi que la fusion de la glace, à la température de 0°, exige l'absorption de 79 unités de chaleur par kilogramme de glace, et que la transformation de l'eau en vapeur, à la température de 100°, ne peut se faire qu'à raison de 536 unités de chaleur par kilogramme d'eau vaporisée. Au lieu du nombre 536 on prend souvent 540.

Problème 88. *Dans* 25^{kg},45 *d'eau a* 12°,5 *on met* 6^{kg},17 *d'un corps a la température de* 80°, *et le mélange prend une température de* 14°,17. *On demande quelle est la chaleur spécifique de ce corps.*

Soit x cette chaleur spécifique. Le corps perd une quantité de chaleur exprimée par

$$x \times 6,17 \times (80 - 14,17);$$

l'eau reçoit une quantité de chaleur exprimée par

$$25,45 \times (14,17 - 12,5);$$

on a donc $x \times 6,17 \times (80 - 14,17) = 25,45 \times (14,17 - 12,5),$

d'où
$$x = \frac{25,45 \times 1,67}{6,17 \times 65,83} = 0,104.$$

Problème 89. *La capacité de l'or pour la chaleur est de* 0,0298, *celle de l'eau étant prise pour unité. On demande combien il faudra de ce métal a* 45° *pour élever de* 12°,3 *a* 15°,7 *la température de* 1^{kg},058 *d'eau.*

Soit x ce nombre exprimé en kilogrammes. En passant de 45° à 15°,7, x kilog. d'or perdent 0,0298 $\times x \times$ (45 — 15,7) unités de chaleur.

En passant de 12°,3 à 15°,7, 1^{kg},058 d'eau reçoit

$$1,058 \times (15,7 - 12,3) \text{ unités de chaleur.}$$

On doit donc avoir

$$0,0298 \times x \times (45 - 15,7) = 1,058 \times (15,7 - 12,3),$$

d'où
$$x = \frac{1,058 \times 3,4}{0,0298 \times 29,3} = 4^{kg},120.$$

Problème 90. *Dans 4 kilogrammes d'eau à* 40°, *on plonge une sphère de platine ayant* 0^{m},075 *de rayon et dont la température est de* 95°. *Quelle sera la température de l'eau lorsque l'équilibre sera établi? La capacité calorifique du platine est de* 0,0324, *son coefficient de dilatation* 0,000008842 *et sa densité* 22,07.

Le volume de la sphère de platine à 95° est de $\frac{4}{3}\pi(0,75)^3$ déci-

mètres cubes; son volume à 0° sera donc $\dfrac{\frac{4}{3}\pi(0,75)^3}{1+0,000008842\times 3\times 95}$;

par conséquent, son poids P est égal à $\dfrac{\frac{4}{3}\pi(0,75)^3\times 22,07}{1+0,000008842\times 3\times 95}$.

Soit maintenant x la température finale. Le poids P de platine aura perdu une quantité de chaleur exprimée par

$$0,0324\times P\times(95-x);$$

les 4 kilogrammes d'eau en auront reçu $4(x-40)$; on aura donc

$$0,0324\times P\times(95-x)=4(x-40),$$
$$\text{d'où } x=\frac{0,0324\times P\times 95+4\times 40}{0,0324\times P+4},$$

On trouvera $P=38^{kg},90$ et $x=53°,2$.

Problème 91. *Calculer la chaleur spécifique de l'essence de térébentine, sachant que 200^{gr} d'essence à $33°,7$ ayant été mélangés avec $470^{gr},3$ d'eau à $12°,23$, la température du mélange a été de $15°,37$. L'essence était renfermée dans un tube de verre du poids de $5^{gr},25$, et la chaleur spécifique du verre est de $0,177$; l'eau était contenue dans un vase de cuivre pesant $45^{gr},25$, et la chaleur spécifique du cuivre est de $0,095$.*

Soit x la chaleur spécifique de l'essence de térébentine. Cette substance, en passant de $33°,7$ à $15°,37$, a perdu une quantité de chaleur égale à $x\times 200\times(33,7-15,37)$, et le vase qui la contenait en a perdu $0,177\times 5,25\times(33,7-15,37)$.

D'un autre côté l'eau a reçu $470,3\times(15,37-12,23)$ unités de chaleur; et le vase qui la contenait en a reçu

$$0,095\times 45,25\times(15,37-12,23).$$

On a donc

$$x\times 200\times(33,7-15,37)+0,177\times 5,25\times(33,7-15,37)$$
$$=470,3\times(15,37-12,23)+0,095\times 45,25\times(15,37-12,23),$$

équation d'où l'on tire $x=0,402$.

Problème 92. *Un ballon sphérique de $0^m,14$ de rayon est rempli de mercure à la température de $70°$. On verse ce mercure dans de l'eau à $4°$ qui remplit à moitié un vase cylindrique de $0^m,40$ de hauteur et $0^m,20$ de rayon. On sait que la densité du mercure est $13,59$, son coefficient de dilatation $0,00018024$ et sa capacité pour la chaleur $0,0330$. On demande quelle sera la température du mélange en supposant qu'il n'y ait pas de chaleur absorbée par les parois du vase.*

Le volume actuel du mercure est exprimé par $\frac{4}{3}\pi(1,4)^3$ décimètres cubes; son volume à $0°$ serait donc

$$\frac{\frac{4}{3}\pi(1,4)^3}{1+0,00018024\times 70} \quad \text{ou} \quad \frac{\frac{4}{3}\pi(1,4)^3}{1,0126168},$$

il en résulte que son poids P est égal à

$$\frac{\frac{4}{3}\pi(1,4)^3\times 13,59}{1,0126168}\text{ kilog.}$$

Le poids P' de l'eau est exprimé par $\pi\,2^2\times 2$ ou $8\,\pi$ kilog.

On a d'ailleurs, en désignant par x la température du mélange,

$$0,0330\times P\,(70-x)=P'\,(x-4).$$

Il en résulte $x=\dfrac{0,0330\times P\times 70+4P'}{0,0330\times P+P'}.$

On trouvera $P=154^{kg},26$; $P'=25^{kg},133$; $x=15°,1$.

Problème 93. *Si l'on met 14 kilogrammes de glace à $0°$ dans 20 kilogrammes d'eau à $37°$, combien obtiendra-t-on de kilogrammes de liquide et quelle en sera la température?*

Les 20 kilogrammes d'eau à $37°$ contiennent 20×37 ou 740 unités de chaleur de plus qu'à $0°$, et les 14 kilogrammes de glace à $0°$ exigeraient pour se fondre 79×14 ou 1106 unités de chaleur; par conséquent, toute la glace ne fondra pas. La quantité qui pourra fondre est évidemment le quotient de 740 par 79 ou $9^{kg},37$. On obtiendra donc $29^{kg},37$ de liquide à $0°$.

Problème 94. *Combien faut-il de kilogrammes de vapeur d'eau à 100° pour élever 20 kilogrammes d'eau de 0° à 90°?*

Soit x ce nombre de kilogrammes. Les 20 kilogrammes d'eau dont la température s'élève de 0° à 90° reçoivent 20×90 unités de chaleur. Les x kilogrammes de vapeur d'eau bouillante dégageront $536\,x$ unités de chaleur en devenant de l'eau à 100°, puis $10\,x$ unités de chaleur sensible en passant à la température de 90°. On a donc

$$536\,x + 10\,x = 20 \times 90,$$

d'où
$$x = \frac{20 \times 90}{546} = \frac{300}{91} = 3^{kg},296.$$

Problème 95. *On a un vase en cuivre dont le calorique spécifique est 0,09515; ce vase pèse 50ᵍʳ. On y met 1550ᵍʳ de plomb dont le calorique spécifique est 0,0293; on porte le tout à 120° et on le met ensuite dans le calorimètre de Laplace et Lavoisier. On demande la quantité de glace fondue lorsque le cuivre et le plomb seront descendus à 0°.*

Le nombre d'unités de chaleur abandonnées par le cuivre sera de $0,09515 \times 0,050 \times 120$, et par le plomb de $0,0293 \times 1,550 \times 120$; d'ailleurs la chaleur nécessaire pour fondre x kilogrammes de glace est égale à $79\,x$. On a donc

$$79\,x = (0,09515 \times 0,050 + 0,0293 \times 1,550) \times 120,$$

d'où
$$x = \frac{(0,09515 \times 0,050 + 0,0293 \times 1,550) \times 120}{79}.$$

On trouve
$$x = 76^{gr},2.$$

Problème 96. *On plonge une sphère de glace ayant 0ᵐ,134 de rayon dans un bain formé de 20 kilogrammes d'eau à 80°. On demande la température du bain après la fusion de la glace. On sait que la densité de la glace est de 0,916 et que son calorique de fusion est de 79 unités de chaleur.*

Le poids de la glace en kilogrammes est de $\frac{4}{3}\pi(1,34)^3 \times 0,916$; elle absorbera donc pour se fondre une quantité de chaleur latente égale à $79 \times \frac{4}{3}\pi(1,34)^3 \times 0,916$.

Si l'on désigne par x la température après la fusion, cette glace aura reçu en outre une quantité de chaleur sensible égale à

$$\frac{4}{3}\pi(1,34)^3 \times 0,916 \times x;$$

d'ailleurs l'eau en aura perdu une quantité exprimée par $20(80-x)$ ou $1600-20x$; on a donc, en désignant, pour abréger, le poids de la glace par P,

$$79\,\mathrm{P} + \mathrm{P}\,x = 1600 - 20\,x;$$

on tire de là

$$x = \frac{1600 - 79\,\mathrm{P}}{\mathrm{P} + 20}.$$

On trouvera $\mathrm{P} = 9^{kg},232$ et $x = 29^{\circ},8$.

Problème 97. *La terre étant recouverte d'une couche de neige de 2 décimètres d'épaisseur, à 0°, quelle est l'épaisseur de la couche de pluie tombant à 12°,5 qui sera nécessaire pour en déterminer la liquéfaction? La densité de la neige est 0,78.*

Considérons une colonne de neige ayant 1 décimètre carré de base. Comme elle a 2 décimètres de hauteur, son volume est égal à 2 décimètres cubes, son poids est de $0,78 \times 2$ ou $1^{kg},56$, et la quantité de chaleur nécessaire pour la fondre est exprimée par $79 \times 1,56$.

Or, si nous désignons par x le poids d'eau à 12°,5 qui, en passant à 0°, pourra dégager cette quantité de chaleur, nous aurons

$x \times 12,5 = 79 \times 1,56$; donc $x = \dfrac{79 \times 1,56}{12,5}$. Nous passerons approximativement du poids x au volume, en considérant chaque kilog. d'eau à 12°,5 comme ayant un volume d'un décimètre cube; le volume d'eau est donc de x décimètres cubes; mais ce volume ayant pour base un décimètre carré, sa hauteur est d'autant de décimètres qu'il contient de décimètres cubes ; par conséquent, l'épaisseur de la couche d'eau est aussi exprimée par

$$\frac{79 \times 1,56}{12,5} \text{ ou } 9^{\text{dm}},86.$$

Problème 98. *Dans une masse d'eau de* $15^{\text{kg}},956$ *contenue dans un vase de cuivre et traversée par un serpentin de même métal on a fait condenser* $204^{\text{gr}},8$ *de vapeur d'eau. La température initiale de l'eau était de* 22°, *la vapeur était à* 100°, *et le mélange marquait* $29^{\circ},58$. *On sait en outre que le vase et le serpentin pèsent ensemble* $3^{\text{kg}},107$, *et que la capacité calorifique du cuivre est* $0,095$. *Déduire de cette expérience la chaleur latente de la vapeur d'eau à* 100°.

Soit x cette chaleur latente, et prenons le gramme pour unité de poids. La vapeur, en se liquéfiant, a dégagé une quantité de chaleur égale à $x \times 204,8$; sa température a baissé en outre de $100 - 29,58$ ou $70^{\circ},42$, ce qui a donné une quantité de chaleur égale à $70,42 \times 204,8$. D'un autre côté l'eau a reçu une quantité de chaleur exprimée par

$$15956\ (29,58 - 22) \text{ ou } 15956 \times 7,58,$$

et le cuivre une quantité égale à

$$0,095 \times 3107 \times 7,58.$$

On doit donc avoir

$$x \times 204,8 + 70,42 \times 204,8 = 15956 \times 7,58 + 0,095 \times 3107 \times 7,58,$$

d'où

$$x = \frac{(15956 + 0,095 \times 3107) \times 7,58}{204,8} - 70,42.$$

On trouve pour résultat 531.

Problème 99. *Un corps fond à la température de* T *degrés. Quand il est solide, sa chaleur spécifique est c, et quand il est liquide, elle est c' : Déduire sa chaleur latente de fusion de l'expérience sui-*

vante : un poids P de ce corps à la température de t^0 a été mis dans un bain liquide de la même substance ayant une température de T' degrés et pesant P' kilogrammes, et l'on a trouvé après la fusion que la température du bain était de t' degrés.

Soit x la chaleur latente de fusion. En passant de t à T degrés le corps solide a absorbé $c\,\mathrm{P}\,(\mathrm{T} - t)$ unités de chaleur; il s'est alors fondu, et il a absorbé $\mathrm{P}\,x$ unités de chaleur; enfin, devenu liquide, sa température a passé de T à t' degrés et il a absorbé $c'\,\mathrm{P}\,(t' - \mathrm{T})$ unités de chaleur. Il a donc reçu une quantité totale de chaleur égale à

$$c\,\mathrm{P}\,(\mathrm{T} - t) + \mathrm{P}\,x + c'\,\mathrm{P}\,(t' - \mathrm{T}).$$

D'un autre côté, le bain a perdu une quantité de chaleur égale à $c'\,\mathrm{P}'\,(\mathrm{T}' - t')$; on a, par conséquent,

$$c\,\mathrm{P}\,(\mathrm{T} - t) + \mathrm{P}\,x + c'\,\mathrm{P}\,(t' - \mathrm{T}) = c'\,\mathrm{P}'\,(\mathrm{T}' - t'),$$

d'où l'on tire $x = \dfrac{c'\,\mathrm{P}'\,(\mathrm{T}' - t')}{\mathrm{P}} - c\,(\mathrm{T} - t) - c'\,(t' - \mathrm{T}).$

Problème 100. *Une cuve cylindrique à fond plat et horizontal a $1^{\mathrm{m}},30$ de diamètre et $0^{\mathrm{m}},75$ de hauteur mesurée à l'intérieur. Elle est à moitié pleine d'eau à la température de 4^0 et on chauffe ce liquide en y faisant arriver $5^{\mathrm{kg}},025$ de vapeur d'eau à la température de 100^0. On demande quelle sera la température du bain ainsi chauffé et quel en sera le volume. On négligera la température de vase, on prendra pour calorique de vaporisation de l'eau le nombre 540, et pour coefficient de dilatation de l'eau $\dfrac{1}{2200}$.*

Le volume de l'eau contenue dans la cuve est de

$$\frac{1}{4}\,\pi\,(13)^2 \times 7,5 \times \frac{1}{2}\ \text{décimètres cubes};$$

par suite, son poids est égal à

$$\frac{1}{4}\,\pi\,(13)^2 \times 7,5 \times \frac{1}{2}\ \text{kilogrammes ou } 497^{\mathrm{kg}},75.$$

Si donc on désigne par x la température finale, on aura :

$$540 \times 5,025 + 5,025\,(100 - x) = 497,75\,(x - 4);$$

d'où l'on tire $\quad x = \dfrac{640 \times 5{,}025 + 497{,}75 \times 4}{497{,}75 + 5{,}025} = 10^0{,}35.$

Quant au volume du bain ainsi chauffé, nous en connaissons le poids $497{,}75 + 5{,}025$ ou $502^{kg}{,}775$; son volume V à la température de 4^0 serait donc de $502^{lit}{,}775$; par conséquent son volume V' à la température de $10^0{,}35$ est de $502{,}775 \left[1 + \dfrac{6{,}35}{2200} \right]$, car la température de l'eau varie seulement de $6^0{,}35$.

On trouve pour résultat $V = 504^{lit}{,}22$.

PROBLÈMES A RÉSOUDRE.

PROBLEMES

SUR LA FORMULE P = V D.

1. Un vase cylindrique de $0^m,367$ de hauteur intérieure pèse vide $1^{kg},375$ et $4^{kg},647$ quand il est plein de mercure dont la densité est 13,59. Quel est le rayon du vase?

$$x = 0^m,01445.$$

2. Un vase rempli successivement de deux liquides dont les densités sont d et d', pèse p et p' (le poids du vase compris). Quelle est la capacité de ce vase?

$$x = \frac{p - p'}{d - d'}.$$

3. Quelle est la surface d'une boule de verre qui pèse 1 kilogramme et dont la densité est 2,7?

$$x = 2^{dm}.q,494.$$

4. On a un vase cylindrique dont le diamètre intérieur est $0^m,25$; on y verse 30 kilog. de mercure dont la densité est 13,6, et 2 kilog. d'alcool dont la densité est 0,79. On demande à quelle hauteur ces deux liquides s'élèveront dans le vase.

$$x = 0^m,0965.$$

5. On demande le poids d'une sphère en or ayant une circonférence de $0^m,3248$, et dont la densité est égale à 19,26.

$$x = 11^{kg},144.$$

6. Le kilogramme d'huile d'olive vaut $3^f,90$, et la densité de

cette huile est 0,915. On demande quel doit être le prix du litre.

$$x = 3^f,57.$$

7. Un tuyau cylindrique de bronze a $0^m,75$ de long, $0^m,36$ de diamètre à l'intérieur, et ses parois ont $0^m,08$ d'épaisseur. La densité du bronze est 8,46. On demande le poids de ce tuyau : 1° quand il est vide, 2° quand il est plein d'eau à la température de 4°.

$$x = 701^{kg},6. \qquad y = 778^{kg}.$$

8. Deux vases de forme conique et de même poids ont tous deux $0^m,25$ de hauteur et $0^m,12$ de diamètre à la base. L'un est plein d'acide sulfurique dont la densité est 1,84, et l'autre est plein d'éther dont la densité est 0,71. On demande la différence entre les poids des deux vases pleins.

$$x = 1^{kg},063.$$

9. Calculer l'épaisseur d'une sphère creuse de laiton, son diamètre extérieur étant de $0^m,75$, son poids de $67^{kg},8$, et la densité du laiton 8,39.

$$x = 0^m,00926.$$

10. Une sphère creuse en fonte a une surface de $0^{mq},075$, et l'on sait que son épaisseur est le huitième de son diamètre intérieur. Quel doit être le poids de cette sphère en prenant 7,8 pour la densité de la fonte ?

$$x = 7^{kg},351.$$

11. On a 3 litres d'un mélange de deux liquides, et la densité de ce mélange est 0,9. Les densités des deux liquides sont 1,3 pour l'un et 0,7 pour l'autre. Déterminer les volumes des deux liquides, sachant que leur mélange s'est fait sans contraction ni dilatation.

$$x = 1. \qquad y = 2.$$

12. On forme un alliage de deux métaux qui pèsent respectivement P et P', et dont les densités sont D et D'; on demande quelle est la densité de l'alliage dans l'hypothèse où les volumes des deux métaux ont subi une dilatation dont le coefficient est

$$x = \frac{P + P'}{\dfrac{P}{D} + \dfrac{P'}{D'}} \cdot \frac{n}{n+1}.$$

13. On fond ensemble deux métaux qui pèsent respectivement P et P' et dont les densités sont D et D'. La densité de l'alliage étant égale d, on demande s'il y a eu contraction ou dilatation, et la valeur du coefficient $\frac{1}{m}$ de contraction ou de dilatation.

$$\frac{1}{m} = 1 - \frac{P + P'}{\left(\frac{P}{D} + \frac{P'}{D'}\right)d} \quad \text{ou} \quad \frac{1}{m} = \frac{P + P'}{\left(\frac{P}{D} + \frac{P'}{D'}\right)d} - 1.$$

14. Un prisme de fonte pèse 3 kilogrammes; la base de ce prisme est un triangle équilatéral, et la hauteur du prisme est double du côté de la base. Trouver ce côté, sachant que la densité de la fonte est 7,7.

$$x = 0^m,0766.$$

15. Un vase de forme conique a $0^m,08$ de diamètre à son bord supérieur; il est placé d'aplomb et rempli de mercure et d'eau dans des proportions telles que le poids du mercure est le triple du poids de l'eau. La densité du mercure est 13,598, celle de l'eau étant 1. On demande l'épaisseur de chaque couche liquide.

La hauteur du vase est de $0^m,12$.

$$x = 0^m,0678 \qquad y = 0^m,05215.$$

16. Une lame triangulaire de cuivre de $0^m,005$ d'épaisseur et de $1^m,25$ de côté a été recouverte d'une couche d'argent ayant $0^m,00015$ d'épaisseur. La densité de l'argent étant de 10,47, on demande le poids de l'enveloppe d'argent.

$$x = 2157 \text{ grammes.}$$

17. Un tube divisé en parties d'égale capacité est soudé à un réservoir. L'appareil vide pèse P; rempli de mercure jusqu'à la m^e division il pèse P', et rempli de mercure jusqu'à la n^e division, il pèse P''. On demande le rapport de la capacité du réservoir à la capacité d'une division du tube.

$$x = \frac{(P'' - P)\, m - (P' - P)\, n}{P' - P''}.$$

PROBLÈMES

D'HYDROSTATIQUE.

18. Quel effort exigerait pour être soutenu dans le mercure à 0° un décimètre cube de platine, la densité du mercure étant 13,6 et celle du platine 21,5?

$$x = 7^{kg}.9.$$

19. Un cylindre de bois, ayant pour densité 0,732, flotte horizontalement sur l'eau; quel est le rapport entre les deux segments de la base dont l'un plonge dans l'eau et dont l'autre est hors de l'eau?

$$x = \frac{183}{67}.$$

20. Dans un vase contenant du mercure et de l'eau on plonge une masse de fer qui surnage sur le mercure et est recouverte d'eau. Quel est le rapport du volume du fer plongé dans le mercure au volume plongé dans l'eau? Les densités du mercure et du fer sont D et d.

$$x = \frac{d - 1}{D - d}.$$

21. Quel volume de fer faut-il joindre à $2^{kg},429$ de platine pour que le système flotte librement dans le mercure. Les densités du platine, du mercure et du fer sont 22; 13,6; 7,7.

$$x = 0^{dm.c},1571.$$

22. La densité du platine étant 22,07, et celle du mercure 13,6, on demande quel doit être le rapport entre le rayon intérieur et le rayon extérieur d'une sphère creuse de platine pour qu'elle s'enfonce à moitié dans le mercure.

$$x = 0,8844.$$

23. L'aréomètre de Beaumé à échelle ascendante affleure à la m^e division dans un liquide dont la densité est D; quelle est la densité d'un autre liquide dans lequel l'instrument affleure à la n^e division?

$$x = \frac{D\,(m - 10)}{n - 10 + D\,(m - n)}.$$

24. Sous les bassins d'une balance sont suspendus deux corps dont les volumes sont V et V' et les densités D et D'; et il faut, pour l'équilibre, que le premier corps plonge dans un certain liquide d'une fraction $\dfrac{1}{m}$ de son volume V. On demande la densité de ce liquide.

$$x = \frac{m\,(VD - V'D')}{V}.$$

25. Un aréomètre de Beaumé, à échelle descendante, s'enfonce jusqu'à la 66e division dans l'acide sulfurique dont la densité est 1,8. Cela posé, on demande : 1° la densité de l'eau salée qui sert à la graduation de l'instrument; 2° quel est le rapport du volume d'une division au volume de l'aréomètre jusqu'à zéro.

$$x = 1,112 \qquad y = \frac{1}{148,5}.$$

26. Un cylindre en tôle, fermé de toutes parts, a extérieurement $2^m,5$ de diamètre et $1^m,75$ de hauteur; la tôle a $0^m,001$ d'épaisseur. On demande 1° le poids du vase, 2° la partie de l'axe qui serait immergée, si on plongeait verticalement le cylindre dans l'eau. On supposera la densité de la tôle égale à 7,79.

$$x = 183^{kg},5 \qquad y = 0^m,0374.$$

27. Un cône, dont la hauteur est de 5^m et égale au diamètre de la base, plonge dans l'eau par sa base, son axe étant vertical, et il reste en équilibre quand le niveau du liquide coupe l'arête aux $\dfrac{2}{3}$ de sa longueur, à partir du sommet. On demande le poids de ce cône.

$$x = 23029^{kg}.$$

28. Un cylindre à base circulaire étant plongé dans l'eau, de manière que son axe soit horizontal, y reste en équilibre quand son axe est au-dessus du niveau de l'eau d'une quantité égale à la moitié du rayon. On demande le poids de ce cylindre, sachant que sa longueur est de 20^m et le diamètre de sa base de $1^m,2$?

$$x = 4422^{kg}.$$

29. Un cylindre attaché à l'un des plateaux d'une balance hydrostatique et plongé dans l'eau a été équilibré, l'eau étant à 4°. On porte ensuite cette eau à une température à laquelle sa densité est égale à 0,976. Quel poids faudra-t-il ajouter pour rétablir l'équilibre? La circonférence du cylindre est de 0^m,14 et sa hauteur de 0^m,15.

$$x = 5^{gr},61.$$

30. Un tube dont le diamètre est de 0^m,025 et la hauteur de 2^m,5 contient du mercure jusqu'à la hauteur de 0^m,36 et dans ce mercure plonge un tube concentrique au premier ayant même hauteur que lui et pour diamètres intérieur et extérieur 0^m,012 et 0^m,013. Si l'on verse de l'eau dans l'espace compris entre les deux tubes, quelle sera la différence des niveaux du mercure dans les deux tubes?

$$x = 0^m,1602.$$

31. Un cône dont la hauteur est égale à 15 décimètres et dont le rayon de la base est de 6 décimètres flotte verticalement par sa base dans un liquide et s'y enfonce de 2 décimètres. On demande le volume déplacé par le tronc de cône immergé et la densité du liquide, celle du cône étant 2,75.

On retourne le même cône pour le plonger par son sommet, et l'on demande la hauteur de la partie du cône qui sera alors immergée.

$$x = 197^{dm.\ c},4; \qquad y = 7,878; \qquad z = 10^{dm},56.$$

32. On veut construire une sphère creuse de cuivre ayant 0,4 de millimètre d'épaisseur, qui, mise sur l'eau, s'y enfonce de la moitié de son volume. Quel doit être le rayon de la surface extérieure de cette sphère, la densité du cuivre étant 8,8? On ne tiendra pas compte du poids de l'air contenu dans la sphère.

$$x = 20^{mm},7.$$

33. On a un cube de cuivre ayant 0^m,07 de côté qu'on veut employer pour lester une sphère de liége de manière que le système des deux corps plonge entièrement et soit en équilibre dans l'eau pure à la température de 4°. La densité du cuivre étant 8,8 et celle du liége 0,24, quel est le diamètre qu'on doit donner à la sphère de liége?

$$x = 0^m,1887.$$

34. On a un cylindre de platine de $0^m,02$ de hauteur; on y adapte un cylindre de fer de même diamètre. Quelle hauteur faut-il donner au cylindre de fer pour que sa base supérieure se maintienne à la surface du mercure lorsqu'on plonge les deux cylindres dans ce liquide; et si le diamètre des cylindres était $0^m,03$, quel serait le poids du mercure déplacé? La densité du platine est 21,59, celle du mercure 13,596 et celle du fer 7,788.

$$x = 0^m,0273 \qquad y = 456^{gr},5.$$

PROBLÈMES

SUR LA LOI DE MARIOTTE ET LA PRESSION ATMOSPHÉRIQUE.

35. Un gaz occupe une hauteur a dans une éprouvette cylindrique placée sur la cuve à mercure, et la hauteur de l'éprouvette au-dessus du niveau extérieur est égale à b. De quelle quantité faut-il enfoncer l'éprouvette pour que les niveaux du mercure coïncident? La pression atmosphérique au moment de l'expérience est égale à H.

$$x = b - a + \frac{a(b-a)}{H}.$$

36. Avec les données du problème précédent, quelle sera la hauteur occupée par le gaz, si la pression atmosphérique qui est égale à H devient égale à H'?

$$x = \frac{b - H' + \sqrt{(b-H')^2 + 4a(H+a-b)}}{2}.$$

37. Un tube fermé par le haut plonge dans une éprouvette qui contient du mercure; ce tube contient de l'air qui occupe une longueur de 17^{mm}, et le niveau du mercure dans le tube est à 12^{mm} du niveau du mercure dans l'éprouvette : si l'on soulève le tube de 42 millimètres, quelle sera la différence de niveau du mercure dans le tube et dans l'éprouvette? La pression atmosphérique est de 0^m,76 au moment de l'expérience.

$$x = 53^{mm},02.$$

38. L'orifice d'une cloche à plongeur se trouve à 4^m,7 au-dessous de la surface de l'eau de la mer dont la densité est 1,026. Quelle pression faut-il donner à l'air de la cloche pour que le liquide n'y pénètre pas?

$$x = 1^m,115.$$

39. On a un tube recourbé dont les deux branches ont le même diamètre et dont l'une est fermée. On y verse du mercure

de manière que le niveau soit le même dans les deux branches
et l'on isole ainsi dans la branche fermée de l'air qui se trouve
à la pression de 0m,760 et qui occupe une longueur de 195 millimètres. Si la branche ouverte est mise en communication avec
un gaz dont la force élastique soit de 1m,480, de combien s'élèvera le mercure dans l'autre branche?

$$x = 82^{mm},4.$$

40. Un tube assez étroit, fermé d'un bout et ouvert à l'autre,
contient une colonne de mercure ayant 30 centimètres de longueur et un volume d'air qui occupe une longueur de 20 centimètres, quand le tube est placé horizontalement. On demande
quelle sera la longueur de la colonne d'air :

1° Si l'on tient le tube verticalement l'ouverture en haut;

2° Si l'on tient le tube verticalement l'ouverture en bas, en
supposant qu'il soit assez long pour que le mercure ne sorte pas
du tube;

3° Si l'on tient le tube horizontalement à 40m sous l'eau.

On suppose la pression atmosphérique égale à 0m,760.

$$x = 143^{mm}. \qquad y = 330^{mm}. \qquad z = 41^{mm}.$$

41. Un siphon à branches égales et parallèles repose sur la surface de l'eau contenue dans un vase; l'une des branches est ouverte et contient de l'air atmosphérique; l'autre est pleine d'eau
et fermée; et ces deux branches communiquent à leur partie supérieure par un très-petit tube capillaire dont on peut négliger
la capacité. On donne la longueur l de chacune des branches du
siphon, la hauteur H de la colonne d'eau qui fait équilibre à la
pression atmosphérique, et l'on demande la hauteur de la colonne
d'eau qui se trouvera dans chaque branche du siphon, quand l'é-
quilibre sera établi.

$$x = \frac{1}{2}\left(H + l - \sqrt{(H + l)^2 - 2lH} \right).$$

42. Un baromètre contient, à la pression H, un volume d'air V,
et le mercure s'y élève à la hauteur h; on transporte ce baromètre au fond d'une mine, le volume de l'air devient V' et la hauteur du mercure h'. Quelle est la pression au fond de la mine?

$$x = h' + \frac{(H - h)\,V}{V'}.$$

43. Au moyen d'un baromètre, on veut mesurer la pression au

fond d'une mine, mais le mercure a déjà rempli le tube quand on est arrivé au fond de la mine; on laisse alors entrer de l'air qui occupe un volume V dans le tube, et le mercure s'élève encore de h. On remonte à la surface de la terre, le volume de l'air est alors V' et la hauteur du mercure h'. La pression à la surface de la terre étant H, quelle est la pression au fond de la mine?

$$x = h + \frac{(H - h')\,V'}{V}.$$

44. La densité de l'air à la température de 0° et sous la pression de 0m,76 est $\frac{1}{770}$, celle de l'eau étant 1. On demande, d'après cela, le poids d'une masse d'air dont le volume est de 4lit.,756 à la pression de 0m,72 et à la température de 0°. On demande aussi à quelle pression se trouverait le même volume d'air s'il pesait 4gr,756.

$$x = 5\text{gr},8515; \qquad y = 585\text{mm},2.$$

45. L'éprouvette d'une machine de compression contient 152 parties d'air; après le jeu du piston, elle n'en contient plus que 37, et le mercure est monté de 0m,48 dans le tube manométrique. On demande le rapport entre les quantités d'air contenues dans la machine au commencement et à la fin de l'expérience.

$$x = \frac{10}{47}.$$

46. Combien faut-il de coups de piston pour amener de la pression 0m,76 à la pression 0m,027 l'air qui est sous le récipient d'une machine pneumatique, le rapport entre la capacité du récipient et celle du corps de pompe étant égal à $\frac{1}{12}$?

$$x = 42.$$

47. La cloche d'une machine pneumatique renferme 6lit.,34 d'air; un baromètre communiquant avec la partie supérieure de la cloche marque zéro quand celle-ci est en communication avec l'atmosphère. On ferme la cloche et on fait jouer la machine; le mercure s'élève alors dans le baromètre de 0m,65. Un second baromètre, placé près de la machine, a marqué 0m,76 pendant toute l'expérience. On demande le poids de l'air qu'on a retiré de la cloche et le poids de celui qui reste, la température étant zéro.

$$x = 7\text{gr},049 \qquad y = 1\text{gr},193.$$

48. Un ballon pèse 2548r,735 lorsqu'il est vide, et 5422gr788 lorsqu'il est plein d'air à la température de 4°. On sait que le poids de l'air est à celui de l'eau comme 129 est à 100000. On demande la capacité du ballon.

Le même ballon plein d'un autre gaz à 4° pèse 6518r,175, la pression atmosphérique étant 0m,76. Quel en serait le poids si la pression était 0m,79?

$$x = 4006^{\text{lit.}},243; \qquad y = 666^{\text{gr}},824.$$

49. On donne un ballon dont le rayon est de 1m. Ce ballon est rempli aux $\frac{3}{4}$ de gaz hydrogène dont la pression est 0m,76 et la température 0'. On demande le poids que ce ballon pourra enlever, la densité de l'hydrogène étant 0,069 de celle de l'air, et un litre d'air pesant 18r,3.

$$x = 3^{\text{kg}},802.$$

50. On a un aérostat sphérique de 4m de diamètre; on l'emplit d'hydrogène impur qui pèse 100gr le mètre cube; le taffetas verni dont est formée l'enveloppe pèse 250gr le mètre carré. On demande combien il faut d'hydrogène pour le remplir et à quel poids il peut faire équilibre? On sait que le mètre cube d'air pèse 1300gr.

$$x = 3351^{\text{gr}}; \qquad y = 27^{\text{kg}},646.$$

51. Une fontaine de compression a un récipient dont la capacité est V et un corps de pompe dont la capacité est v. Le récipient ayant été rempli d'eau à moitié, on a donné n coups de piston. Quelle est la pression à laquelle l'eau est soumise, H étant la pression atmosphérique?

$$x = \text{H}\left(1 + \frac{2nv}{\text{V}}\right).$$

52. Connaissant le poids P d'un corps dans l'air et son poids P′ dans l'eau au maximum de densité, déterminer le vrai poids de ce corps.

$$x = \frac{\text{P} - \text{P}' \times 0,0013}{1 - 0,0013}.$$

53. Dans un ballon d'une capacité V on a mis un corps dont le volume est inconnu; le reste du ballon est occupé par de l'air à la pression H. On a constaté ensuite qu'en diminuant la pression de h, le volume de l'air augmente d'une quantité u. On demande le volume du corps placé dans le ballon.

$$x = V + u - \frac{u\,H}{h}.$$

PROBLÈMES

SUR LES DILATATIONS.

54. Le poids de l'atmosphère fait monter le mercure dans le baromètre à $0^m,76$ à la température de $0°$. On demande : $1°$ à quelle hauteur s'élèverait le mercure si la température était de $25°$, le coefficient de dilatation du mercure étant de $\dfrac{1}{5550}$; $2°$ à quelle hauteur s'élèverait l'alcool à la température de $0°$, la densité de l'alcool étant $0,79$ et celle du mercure $13,6$.

$$x = 0^m,763; \qquad y = 13^m,083.$$

55. Calculer le poids de mercure à la température de $26°$ que contiendrait un vase conique ayant $0^m,87$ de hauteur et $0^m,23$ de rayon. On sait que la densité du mercure est $13,596$ et son coefficient de dilatation $0,00018$.

$$x = 652^{kg},210.$$

56. A la température de $0°$ et sous la pression de $0^m,76$ la densité de l'acide carbonique est $1,524$ et celle de l'hydrogène $0,069$. A quelle pression devrait-on amener de l'acide carbonique à $25°$ pour que sa densité fût la même que celle de l'hydrogène à $0°$ et à $0^m,76$ de pression ?

$$x = 0^m,03756.$$

57. Une analyse chimique a fourni 253 centimètres cubes d'azote sur le mercure; la hauteur de la colonne de mercure est de 130^{mm}, la température de $25°$ et la pression de $0^m,728$. Quel est le poids de cet azote, la densité de ce gaz étant égale à $0,9714$?

$$x = 0^{gr},2303.$$

58. Quel est à $0°$ le diamètre d'une sphère de platine qui à $t°$ contiendrait P kilogrammes de mercure? La densité du mercure est D, et son coefficient de dilatation absolue K; le coefficient de la dilatation linéaire du platine est K',

$$x = \sqrt[3]{\frac{6\,P\,(1 + K\,t)}{\pi\,D\,(1 + 3\,K'\,t)}}.$$

59. Deux règles de platine et de cuivre ont même longueur l à 0°, et à $t°$ une différence de n millimètres. Déterminer le coefficient de dilatation du platine, celui du cuivre étant K.

$$x = K - \frac{n}{lt}.$$

60. Une barre métallique dont le coefficient de dilatation est $\frac{1}{8400}$, a une longueur de 3m,17 à la température de 20°; une autre barre métallique dont le coefficient de dilatation est $\frac{1}{9470}$ a une longueur de 3m,15 à la température de — 10°. On demande à quelle température les deux barres auront la même longueur.

$$x = -210°,7.$$

61. On a 30 kilogrammes de mercure à 0°; la densité du mercure étant 13,59 et son coefficient de dilatation $\frac{1}{5550}$, on demande quel sera le volume du mercure à 85°.

$$x = 2^{\text{dm.c}},2413.$$

62. Le volume d'une masse de gaz à — 10° et à la pression de 765 millimètres étant de 47lit,25, quel sera le volume de la même masse gazeuse à + 30° et sous la pression de 778 millimètres?

$$x = \frac{47,25\,(1 + 0,00366 \times 30) \times 765}{(1 - 0,00366 \times 10) \times 778}.$$

63. On a un certain volume d'air à la température de 17° et sous la pression de 0m,764; si la pression devient 0m,760, à quelle température devra-t-on porter le gaz pour que son volume ne change pas?

$$x = \frac{290 \times 760}{764} - 273.$$

64. Trouver en kilogrammes le poids d'un mètre cube de vapeur d'eau à 25° et à la pression de 0m,020. On sait qu'un litre d'air sec pèse 1gr,3 à la température de 0° et à la pression de

0 ,760; on sait aussi que la densité de la vapeur d'eau est $\frac{5}{8}$.

$$x = \frac{1300^{gr} \times 2 \times 5}{(1 + 0,00366 \times 25) \times 76 \times 8}.$$

65. Un vase cylindrique en fer contient du mercure jusqu'à une hauteur h, à la température de 0^0; à quelle hauteur le mercure s'élèvera-t-il, si l'on porte la température à t degrés. Le coefficient de la dilatation linéaire du fer est K et celui de la dilatation absolue du mercure est K'.

$$x = \frac{h(1 + K't)}{1 + 2Kt}.$$

66. On a 3 litres d'air à la pression de $0^m,758$ et à la température de 0^9. On chauffe le gaz à 50^9 et on lui fait occuper un volume de 2 litres. Quelle est alors sa force élastique?

$$x = 0^m,379 \times 3 (1 + 0,00366 \times 50).$$

67. Deux ballons dont les capacités sont V et V' à 0^9, et qui peuvent communiquer par un tube très-étroit muni d'un robinet, sont pleins d'un gaz sec dont la température primitive est 0^9 et la densité D. On ouvre le robinet, on chauffe l'un des ballons à t^9 et l'autre à t'^9, températures que l'on rend constantes en plongeant les ballons dans des masses liquides. Quelles seront les densités d et d' du gaz dans les deux ballons?

$$d = \frac{D(V + V')(1 + Kt')}{V(1 + Kt') + V'(1 + Kt)}, \quad d' = \frac{D(V + V')(1 + Kt)}{V(1 + Kt') + V'(1 + Kt)}.$$

68. Ayant formé un pendule avec une substance dont le coefficient de dilatation est inconnu, on a trouvé que la durée de l'oscillation de ce pendule est t à la température de T^0 et t' à la température de T'^0. La durée de l'oscillation d'un pendule étant proportionnelle à la racine carrée de sa longueur, comment peut-on déduire de là le coefficient de dilatation de la substance dont le pendule est formé?

$$x = \frac{t^2 - t'^2}{T t'^2 - T' t^2}.$$

69. A la température de t^9 une colonne h de liquide fait équilibre à la pression atmosphérique, et à la température de t'^9 une colonne h' de ce liquide fait équilibre à la même pression. Déduire de là le coefficient de dilatation du liquide.

$$x = \frac{h' - h}{h\,t' - h'\,t}.$$

70. Quel est le volume d'un kilogramme de vapeur d'eau à la température de 100° et sous la pression de 0m,76? La densité de la vapeur d'eau est $\frac{5}{8}$, et un litre d'air pèse 1gr,3 à la température de 0° et sous la pression de 0m,76.

$$x = 1681.$$

71. Le 100e degré d'un thermomètre a été marqué à la température de l'ébullition de l'eau, lorsque la pression atmosphérique était de 0m,730. Quand ce thermomètre marque 15°, quelle est la vraie température?

$$x = 14°,83.$$

72. Quel est le poids d'un volume V de vapeur dont la température est de $t°$, la force élastique F, et la densité D, celle de l'air étant prise pour unité?

$$x = \frac{1^{gr},3 \times V \times F \times D}{(1 + 0,00366\,t) \times 0,76}.$$

73. Un ballon de verre pèse vide P, et son volume est V à la température de $t°$. A la température de T° et sous la pression H, il contient de la vapeur et pèse P'. Le coefficient de dilatation cubique du verre étant K et celui de la vapeur K', on demande quelle est la densité de cette vapeur à 0° et sous la pression de 0m,76, par rapport à l'eau à 4°.

$$x = \frac{(P' - P) \times 0,76 \times (1 + K'\,T)}{V\,[1 + K\,(T - t)]\,H}.$$

74. Un réservoir en platine muni d'un tube capillaire a été rempli de mercure à la température de 0°. On a ensuite porté l'appareil à la température de $t°$, un poids p de mercure est sorti de l'appareil, et le poids du mercure restant est P. On demande comment on peut déduire de là le coefficient de dilatation cubique du platine.

$$x = \frac{1}{5550} - \frac{p}{P\,t}.$$

75. Pour déterminer le coefficient de dilatation absolue d'un liquide, on s'est servi du thermomètre à poids. L'instrument ayant été rempli de liquide à 0°, on l'a porté à la température de t^0; un poids p de liquide est sorti de l'appareil, et le poids du liquide restant est P. On sait de plus que le coefficient de la dilatation cubique de la matière du thermomètre est K. Comment déduire de là le coefficient cherché?

$$x = K + \frac{p(1 + Kt)}{Pt}.$$

76. Un poids P de gaz occupe à la partie supérieure d'une cloche graduée un certain volume apparent V, et le mercure s'élève dans cette cloche à une hauteur h. La température est de t^0, le coefficient de dilatation cubique du verre est K, celui du gaz est K', et la pression atmosphérique est H. On demande la densité du gaz, à la température de 0° et sous la pression de 0$^\mathrm{m}$,76, par rapport à l'eau à 4°.

$$x = \frac{P \times 0,76 \times (1 + K't)}{V(1 + Kt)(H - h)}.$$

77. A la température de T^0 un ballon est rempli d'air à une pression inconnue; le volume du ballon ramené à la température de t^0 est V, et l'air y étant alors soumis à une pression H y occupe un volume v. Le coefficient de dilation cubique du verre étant K et celui de l'air K', on demande la pression de l'air quand il remplissait le ballon.

$$x = \frac{Hv\,[1 + K'(T - t)]}{V\,[1 + K(T - t)]}.$$

PROBLÈMES

SUR LE MÉLANGE DES GAZ.

78. On fait arriver dans un ballon de 20 litres et à la température de 30° :

1° 6 litres d'air sec à la pression de $0^m,77$;

2° 17 litres d'hydrogène à la pression de $0^m,725$ et saturé d'humidité.

On demande la force élastique du mélange, et en particulier celle de l'hydrogène seul. On sait qu'à 30° la tension de la vapeur d'eau à saturation est de $0^m,0315$,

$$x = 0^m,84725; \qquad y = 0^m,5895.$$

79. Étant donnés $5^{lit.},793$ d'un gaz saturé d'humidité à 10° sous la pression de $0^m,764$, on demande le volume du gaz sec à 25° sous la pression de $0^m,756$. On sait qu'à 10° la tension de la vapeur d'eau est égale à $9^{mm},165$.

$$x = \frac{5^{lit.},793\,(1 + 0,00366 \times 25) \times 754,835}{(1 + 0,00366 \times 10) \times 756}.$$

80. Étant donnés 7225 centimètres cubes de gaz saturé d'humidité à 22°, on demande le poids de l'eau qui s'y trouve contenue. On sait qu'à 22° la tension de la vapeur d'eau est égale à $19^{mm},417$.

$$x = \frac{1^{gr.},3 \times 7,225 \times 19,417 \times \frac{5}{8}}{(1 + 0,00366 \times 22) \times 760}.$$

81. Un mélange de gaz et de vapeur a un poids P, sa force élastique est H, et l'on sait que la vapeur a une tension F ; les densités du gaz et de la vapeur étant D et d, à la température de 0° et sous la pression de $0^m,76$, par rapport à l'eau à 4°, on demande le poids de la vapeur.

$$x = \frac{P\,d\,F}{D\,(H - F) + d\,F}.$$

82. Un mélange de gaz et de vapeur à saturation occupe un volume V à la température de T°, et sa force élastique est H. Quel sera le volume du gaz sec à la pression H′ et à la température T? On sait qu'à la température T la tension de la vapeur est F et que le coefficient de dilatation des gaz est K.

$$x = \frac{V(1 + KT')(H - F)}{(1 + KT)H'}.$$

83. Un mélange de gaz et de vapeur a un volume V à la température de T°, sous la pression H; la tension de la vapeur est F, sa densité d et celle du gaz D, celle de l'air étant prise pour unité. Quel est le poids du mélange?

$$x = \frac{1^{gr},3 \times V}{(1 + K t) \times 0{,}76}\left[(H - F)D + F d\right].$$

84. On demande le poids de zinc qu'il faut employer pour produire un volume V d'hydrogène saturé de vapeur d'eau à la température de T° et sous la pression H, la tension de la vapeur d'eau étant F à cette température. On suppose connus les équivalents Z et Y du zinc et de l'hydrogène, ainsi que la densité D et le coefficient de dilatation K de ce gaz.

$$x = \frac{1^{gr},3 \times V (H - F) D \times Z}{(1 + K t) \times 0{,}76 \times Y}$$

PROBLÈMES

SUR LES CHALEURS SPÉCIFIQUES ET LES CHALEURS LATENTES.

85. A quelle température faut-il prendre 30 kilogrammes d'eau pour qu'en y mélangeant 7 kilogrammes de glace à 0°, la température du mélange après la fusion de la glace soit de 23°,2?

$$x = 47°.$$

86. Combien faut-il prendre de kilogrammes de vapeur d'eau à 100° pour porter de 13° à 28° un bain de 246 kilogrammes d'eau Le calorique de vaporisation de l'eau est égal à 540.

$$x = 6^{kg},029,$$

87. Quelle est la quantité de vapeur d'eau bouillante à 100° qu'il faut faire passer dans 475 kilogrammes d'eau à 12° pour en élever la température à 71°, en admettant qu'il y ait 12 pour 100 de chaleur perdue?

$$x = 55^{kg},97.$$

88. On a fait arriver $2^{kg},570$ de vapeur d'eau bouillante à la pression de $0^m,76$ dans $124^{kg},5$ d'eau, et la température s'est trouvée de 17°,5. On demande quelle était la température initiale de l'eau.

$$x = 4°,65.$$

89. Un vase de cuivre du poids de $450^{gr},17$ contient $3^{kg},17$ d'eau à la température de 12°; on y met $1^{kg},427$ de tournure de cuivre à la température de 95° et le mélange prend une température de 15°,36. Déduire de là la chaleur spécifique du cuivre.

$$x = 0,095.$$

90. On mélange un kilogramme d'eau à 0° avec un kilogramme de mercure à 100°, et l'on trouve que la température du mélange est de 3°. Quelle serait la température d'un mélange formé de

7 kilogrammes d'eau à 80° avec 30 kilogrammes de mercure à 10°?

$$x = 71°,8.$$

91. Dans une masse d'eau de $26^{kg},924$ contenue dans un vase de cuivre et traversée par un serpentin de même métal, on a fait condenser 452^{gr} de vapeur d'eau. La température initiale de l'eau était de 12°, la vapeur était à 50° et le mélange marquait 22°. On sait en outre que le vase et le serpentin pèsent ensemble $2^{kg},06$ et que la chaleur spécifique du cuivre est de 0,095. Déduire de cette expérience la chaleur latente de la vapeur d'eau à 50°.

$$x = 572.$$

92. Combien faut-il de kilogrammes de glace à 0° pour amener à 10° l'eau contenue dans un bassin à bords circulaires et à fond horizontal dont la circonférence supérieure serait de $8^m,30$, la circonférence inférieure de $6^m,15$ et la hauteur de $1^m,76$, ce bassin étant rempli d'eau à 30° à moitié de sa hauteur?

$$x = 705^{kg},3.$$

PROBLÈMES

SUR LE SON.

93. On demande quelle est la profondeur d'un puits, sachant que le temps qui s'est écoulé entre le moment où l'on y a laissé tomber une pierre et celui où l'on a été averti de sa chute par le bruit est de 4 secondes. On ne tiendra pas compte de la résistance que l'air oppose à la chute et l'on supposera que la température moyenne du puits est de $10°$.

$$x = 70^\mathrm{m},5.$$

94. On fait vibrer transversalement une corde métallique dont la longueur l est de $0^\mathrm{m},4865$; les deux extrémités de la corde sont fixes et elle est tendue par un poids P de 10525 grammes ; on sait d'ailleurs que $2^\mathrm{m},176$ de la même corde pèsent $3^\mathrm{gr},53$. Calculer le nombre n de vibrations simples que cette corde exécute par seconde, ce nombre n étant donné par la formule

$$n = \sqrt{\frac{g\mathrm{P}}{lp}},$$ dans laquelle p désigne le poids de la corde et g le nombre $9,8088$.

$$n = 518.$$

95. A quelle distance un observateur se trouve-t-il d'un écho qui lui répète un son au bout de $4^\mathrm{sec},5$, la température de l'air étant de $10°$?

$$x = 758^\mathrm{m}.$$

96. Une corde tendue par un poids de 16 kilogrammes rend un certain son ; par quel poids devrait-elle être tendue pour rendre la tierce majeure du même son ?

$$x = 25^\mathrm{kg}.$$

PROBLÈMES

SUR LA LUMIÈRE.

97. En comparant l'intensité d'une lampe à celle d'une bougie, on a trouvé que les ombres portées sur un écran placé entre les deux lumières paraissaient de même intensité lorsque la bougie était à 1ᵐ,17 de l'écran et la lampe à 3ᵐ,85. On demande l'intensité de la lampe, celle de la bougie étant prise pour unité.

$$x = 10,83.$$

98. Une lampe et une bougie sont distantes l'une de l'autre de 1ᵐ,85; l'intensité de la bougie à l'unité de distance étant représentée par 1, celle de la lampe à la même distance est représentée par 4,7. On demande à quelle distance de la lampe, sur la droite qui joint les deux lumières, il faut placer un écran pour qu'il soit également éclairé par chacune d'elles.

$$x' = 1^m, 266; \qquad x'' = 3^m,432.$$

99. Devant un miroir sphérique concave ayant 0ᵐ,82 de rayon, on place, à la distance de 2ᵐ,17, un objet dont la hauteur est de 0m,22. On demande la distance de l'image au miroir et sa grandeur.

$$x = 0^m,5035; \qquad y = 0^m,0313.$$

100. Un objet ayant été placé devant une lentille biconvexe, à 1ᵐ de distance, son image s'est produite de l'autre côté de la lentille à la distance de 1ᵐ,5. Si l'on place cet objet à 0ᵐ,5 de la lentille, quelle sera la distance de son image à la lentille?

$$x = -3^m.$$

APPENDICE.

SUJETS DE COMPOSITIONS

DONNÉS AUX EXAMENS DU BACCALAURÉAT ÈS SCIENCES.

L'épreuve écrite du baccalauréat ès-sciences comprend ordinairement une *théorie* à expliquer et un *problème* à résoudre. La résolution du problème est évidemment la seule partie pour laquelle les aspirants aient besoin d'un exercice spécial; car le développement de la question de théorie a été donné dans le cours de physique, et ils n'ont besoin, pour y réussir, que de revoir convenablement les matières dans un traité de physique ou dans les rédactions qu'ils ont faites. Voici les sujets de compositions auxquels ils doivent donner une attention toute spéciale.

1. De la balance.

2. Équilibre des liquides. Pression sur les parois des vases qui les contiennent.

3. Énoncer le principe d'Archimède; en donner la démonstration par le raisonnement et par l'expérience.

4. Théorie de la presse hydraulique.

5. Faire connaître les procédés à l'aide desquels on détermine la densité des corps solides et celle des corps liquides.

6. Exposer le principe de la transmission des pressions.

7. Rendre compte des expériences qui mettent en évidence la pression atmosphérique.

8. De la machine pneumatique et des principes de physique sur lesquels repose la construction de cette machine.

9. De la loi de Mariotte et des manomètres.

10. Théorie du baromètre. Principes sur lesquels repose l'emploi de cet instrument. Correction à faire subir aux hauteurs barométriques pour les rendre comparables.

11. Mélange des fluides élastiques.

12. Équilibre des fluides dont les diverses parties sont de densités différentes.

13. Dilatation des corps par la chaleur.

14. Construction du thermomètre à mercure.

15. Du changement d'état des corps.

16. Exposer la théorie des lois du rayonnement et en particulier celle du refroidissement.

17. Détermination de la densité des gaz.

18. Détermination de la chaleur spécifique des corps solides et des corps liquides par la méthode des mélanges.

19. De la formation des vapeurs et de la mesure de leur force élastique.

20. De la chaleur rayonnante et de la rosée.

21. De la chaleur latente. Calorique de vaporisation de l'eau.

22. De l'hygrométrie. Hygromètre à cheveu.

23. Théorie de la machine électrique.

24. Électricité dissimulée ; bouteille de Leyde ; condensateur.

25. De l'électricité atmosphérique. Théorie du paratonnerre.

26. De l'électromètre condensateur.

27. Comment trouve-t-on l'inclinaison et la déclinaison en un lieu donné.

28. Principales expériences faites par Galvani et Volta. Pile de Volta.

29. Aimantation par les courants.

30. Des électro-aimants ; leurs propriétés.

31. Construction et usage du multiplicateur.

32. Donner les principes sur lesquels est fondée la construction du télégraphe électrique.

33. Procédés d'aimantation.

34. Action des courants sur les aimants et des courants sur les courants.

35. Expériences fondamentales sur l'induction.

36. Donner la description de l'appareil de Clarke.

37. De la galvanoplastie.

38. Vibrations des cordes. Tuyaux sonores.

39. Des lois de la réflexion et des effets des miroirs sphériques concaves.

40. Lois de la réfraction de la lumière; leur démonstration par l'expérience.

41. Effets des lentilles concaves et des lentilles convexes.

42. Donner la décomposition et la recomposition de la lumière par le prisme.

43. Description du microscope composé.

44. De la lunette de Galilée et de la lunette astronomique.

45. Télescope de Newton.

FIN.

TABLE DES MATIÈRES.

PROBLÉMES RÉSOLUS.

PROBLÉMES A RÉSOUDRE.

APPENDICE.

FIN DE LA TABLE.

Paris. — Typographie de Gaittet et Cie, rue Gît-le-Cœur, 7